《四川生态读本》编写组

主　编

杜受祜　四川省社会科学院研究员（已退休）

副主编

沈茂英　四川省社会科学院经济研究所博士、研究员

编　委

周后珍　中国科学院成都生物研究所博士、副研究员

陈文德　成都理工大学旅游与城乡规划学院博士、副教授

万将军　中国科学院成都山地灾害与环境研究所博士

杨　程　四川省社会科学院人口学专业硕士研究生（在读）

徐知之　山东大学资源与环境学院硕士研究生（在读）

四川生态读本

SICHUAN SHENGTAI DUBEN

主　编　杜受祜　副主编　沈茂英

四川大学出版社

责任编辑:杨丽贤
责任校对:王　静
封面设计:墨创文化
责任印制:王　炜

图书在版编目(CIP)数据

四川生态读本 / 杜受祜主编. —成都：四川大学
出版社，2019.1
　(四川系列读本)
　ISBN 978－7－5690－2743－3

Ⅰ.①四…　Ⅱ.①杜…　Ⅲ.①生态文明－制度建设－
四川　Ⅳ.①X321.271

中国版本图书馆 CIP 数据核字（2019）第 008038 号

书　名	四川生态读本	
	Sichuan Shengtai Duben	

主　　编	杜受祜	
出　　版	四川大学出版社	
地　　址	成都市一环路南一段 24 号 (610065)	
发　　行	四川大学出版社	
书　　号	ISBN 978－7－5690－2743－3	
印　　刷	四川盛图彩色印刷有限公司	
成品尺寸	170 mm×240 mm	
印　　张	14	
字　　数	200 千字	
版　　次	2019 年 1 月第 1 版	
印　　次	2019 年 1 月第 1 次印刷	
定　　价	91.00 元	

◆读者邮购本书,请与本社发行科联系。
　电话:(028)85408408/(028)85401670/
　(028)85408023　邮政编码:610065

◆本社图书如有印装质量问题,请
　寄回出版社调换。

◆网址:http://press.scu.edu.cn

目　录

第一章

人与生态

四川生态读本

绿色是生命的象征、大自然的底色。绿色代表生态、环保，代表人与自然的和谐相处。生态兴则文明兴，生态衰则文明衰。生态一直与人类文明息息相关、形影相随，影响着人类文明的发展进程。人是自然的一部分，人与自然时刻发生着各种各样的关系并成为人类社会传承的基础。人的发展离不开自然，同时对自然产生重要影响，而自然也会影响人的发展。保护生态是为了人类自身的健康可持续发展。保护生态，就是保护生产力，就是保护生态环境的供给服务、支持服务和调节服务。

四川是国家重要的生态功能区、最大的动植物基因库、全球生物多样性保护热点地区之一，孑遗种和濒危种最为丰富的地区。四川，自古以来就是一片美丽富饶的生态沃土，几千年来仰仗自然优势发展繁衍。四川在保护生态方面不遗余力，在建设生态上投资巨大，同时也在利用生态走可持续发展之路。绿色打底巴山蜀水，铺展四川美丽画卷。四川全力守护青山绿水，建设并筑牢长江上游生态屏障，保障黄河上游高原湿地生

态服务。近些年，四川在改善生态环境上取得了巨大成效，形成了适应生态、利用生态、保护生态、建设生态的人与自然和谐相处的新格局。

一、适应生态

习近平总书记在中共中央政治局第四十一次集体学习时强调，推动形成绿色发展方式和生活方式，为人民群众创造良好的生产生活环境。他指出，人类发展活动必须尊重自然、顺应自然、保护自然，否则就会遭到大自然的报复。这个规律谁也无法抗拒。人因自然而生，人与自然是一种共生关系，对自然的伤害最终会伤及人类自身。尊重自然规律，才能有效防止在开发利用自然上走弯路。

（一）设置建设目标

地处长江上游的四川，横跨五大地貌单元（青藏高原、横断山区、云贵高原、四川盆地和秦巴山地），自然环境复杂，生物种类丰富，是全球生物多样性保护热点地区之一，土地面积约占长江上游的一半，是长江上游生态屏障的主体，在全国生态安全战略格局中具有重要作用。早在20世纪90年代末期，四川就本着尊重自然、顺应自然、保护自然的理念，以天然林保护等系列生态工程为载体，建设长江上游生态屏障和生态强省。经历了"5·12"汶川特大地震和"4·20"芦山大地震的四川，继续保持着森林面积全国第四、森林蓄积全国第三的地位，完成了长江干流（四川段）、黄河干流（四川段）、金沙江水系达到或好于Ⅲ类水质比例为100%的目标，基本建成了长江上游生态屏障，迈入了筑牢长江上游生态屏障的阶段。

（二）科学编制规划

规划引领未来，规划引领发展。四川尊重自然、顺应自然和保护自然，依靠科学编制规划来引领未来发展。根据四川独特的自然环境、地形地貌以及自然生态等要素，科学评估生态环境的承载力，科学确定国土空间功能，布局"三生"空间（生产空间、生活空间和生态空间），编制《四川省主体功能区规划》并形成了主体功能区制度。四川树立了"宜林则林、宜草则草、宜荒则荒"的生态修复和保护理念，科学编制绿化全川方案，建设地绿山青的美丽四川；适应生态，人退自然进，科学划定了生态保护红线，用红线管制生态环境，保护生态环境；科学评估生态环境的承载力，按照生态环境承载力布局产业和园区，实现"三生"空间的合理布局。

（三）推动绿色发展

绿色是生命的象征、是大自然的底色。绿色发展是人类适应生态、保护自然的科学选择，是社会主义生态文明的重要组成部分，是实现伟大中国梦的重要途径。筑牢长江上游生态屏障，绿色发展是根本途径和手段。推进绿色发展，关系人民福祉，关乎民族未来。中共四川省委第十届委员会第八次全体会议通过了《中共四川省委关于推动绿色发展建设美丽四川的决定》（以下简称《决定》）。《决定》提出，绿色发展理念，核心是重构发展与资源环境的关系、解决人与自然和谐共生的问题，是人与自然和谐相处、共进共荣共发展的生产方式、生活方式、行为规范以及价值观念的总和。《决定》要求实现更加优化的发展空间格局、经济绿色化水平进一步提升、自然生态服务功能明显增强、城乡生活环境更加优化、绿色发展体制机制基本建立。

（四）培育生态文化

生态文化是自人类诞生以来，不同人类种族、民族、族群为了适应和利用地球上多样性的生态环境之生存模式的总和，是人类探索自然、认识自然、尊重自然、适应自然的一种人与自然和谐共处的文化。四川生态文化历史悠久，古蜀先民积累了丰富的认识自然、利用自然的生态文化财富，举世瞩目的都江堰水利工程就是古蜀先人尊重自然、顺应自然的宝贵财富。当代四川，不仅提出了建设长江上游生态屏障的理念，还积极挖掘巴蜀文化中的生态元素，丰富生态文化的有形载体，培育并形成了天府之国、巴山蜀水、茶马古道、大熊猫等具有鲜明地域特色的生态文化品牌。生态文化已成为现代公共文化服务体系的重要内容。《四川省加快推进生态文明建设实施方案》强调构建生态文化体系，使生态文化成为社会主义核心价值观的重要内容。《决定》强调培育生态文化，要从娃娃和青少年抓起，从家庭学校教育抓起，增强全民节约意识、环保意识、生态意识；把绿色文化作为国民素质教育和现代公共文化服务体系建设的重要内容，推进绿色发展理念进机关、进学校、进企业、进社区、进农村。

（五）倡导绿色生活

绿色生活就是健康的生活、安全的生活、节省的生活，让消费跑步机[①]停下来的生活。所谓绿色生活方式是简单、节能、环保和健康的消费观念、生活态度和价值取向。简单，就是要重视实用性，提倡简单的物质生活，追求精神领域的提升；节约，即减少不必要的消费，让消费跑步机停下来；环保，就是一切活动都要从环境保护的角度出发，选择对环境冲击小的生活消

[①] 不断增加物质消费量却未能带来任何内心满足感的消费全过程，即为消费跑步机。

费方式；健康，就是要选择对身心有益的产品，改变不良的生活习惯。习近平总书记多次强调，要充分认识形成绿色发展方式和生活方式的重要性、紧迫性、艰巨性，把推动形成绿色发展方式和生活方式摆在更加突出的位置。《决定》强调推进生活方式绿色化，提出把节约文化、环境道德纳入社会运行的公序良俗，倡导文明、理性、节约的消费观和生活理念，推动全民在衣食住行娱等方面加快向勤俭节约、绿色低碳、文明健康的方式转变，抵制和反对各种形式的奢侈浪费；鼓励购买节能环保产品，减少一次性用品使用，限制过度包装；党政机关、国有企事业单位应带头厉行节约，在餐饮企业、单位食堂、家庭等全方位开展反食品浪费行动。

二、利用生态

习近平总书记多次指出，绿水青山就是金山银山，要让良好的生态环境成为人民生活的增长点，成为展现我国良好形象的发力点。事实证明，生态环境越好，对生产要素的吸引力、凝聚力就越强，发展潜力和发展空间就越大。良好的生态是通往幸福生活的一座桥梁。生产发展了、生态改善了，生活才会幸福。生态是本钱，生态是优势，生态是资源，生态是资本。随着生活水平的提高，人民群众对生态环境质量的要求也越来越高。到大自然中去，与大自然亲密接触，消费生态产品，已成为人民群众生活的新常态。绿水青山就是金山银山，绿水青山正在不断转变为金山银山。

（一）维护生态安全

生态安全是社会安全、经济安全的基础，是建设美丽四川的保障，是生态环境的基本服务功能。生态安全是人类生存环境处于健康可持续发展的一种状态。利用生态，就是要保持生态环境的健康可持续状态，确保生态环境为社会经济发展服务。四川从全省自然环境状况、人口空间分布以及生态环境承载能力出发，构建起"四区八带多点"的生态安全战略格局，确保全省经济社会持续发展，确保青山绿水的生态环境成为最公平的福祉，确保长江生态屏障目标的建设。同时，四川深入实施天然林保护、退耕还林、退牧还草、川西北防沙治沙等重大生态修复工程，加强生物多样性保护，加强地质灾害防治，切实保护生态脆弱区和敏感区的生态环境，增强生态产品生产能力。

（二）生产生态产品

人类历史就是一部人类不断利用生态资源的历史。狩猎时代，人类不断地从自然生态中获得满足基本生存需要的食物、猎物以及遮风挡雨的住所，食物充满了多样性和原生性；农业生产以及农产品自身就是生态的产物，具有极强的生态和生命属性。到了后工业化时代，大自然依然是人类的生命之源，自然之美更加受到重视，人类喜欢到自然中去享受自然生态之美。生态产品是人类从生态环境中获得的各种直接产品，是人类直接消费自然或人工生态系统服务，如对谷物、水果、蔬菜、动物性产品和副产品的消费。除食物消费外，人类还直接消费木材并用作燃料或建筑材料，以及各种纤维产品、药材、山野菜和动物饲料等。据统计，2016年上半年，四川仅林下经济产值就达到301亿元，林业休闲与服务产值375亿元①。

（三）提供生态服务

生态服务是生态系统在调节气候、洪水、疾病等方面的服务以及在提供消遣、娱乐、美学享受以及精神收益等方面的文化服务，还包括在土壤形成、光合作用以及养分循环等方面的支持服务。利用森林、草原等自然生态

---

① 林川．四川林业上半年实现产值1213亿元[EB/OL]．（2016-07-13）［2017-07-31］．http://www.scly.gov.cn/contentFile/201607/1468370633032.html．

的景观美学价值、文化价值以及人们亲近自然的行为，生态文化旅游产业得到快速发展。碳汇是生态最重要的服务内容。据测算，2015年度，四川省退耕还林工程林草植被提供的生态服务价值达1164亿元，占全省林业生态服务总价值的6.9%。其中，保育土壤35.29亿元，涵养水源224.25亿元，固碳释氧205.43亿元，营养物质积累13.25亿元，净化环境74.67亿元，生物多样性保护140.95亿元，森林游憩470.16亿元。清新的空气、清洁的水源、茂盛的森林、适宜的气候等，都是生态服务的表征。

（四）发展生态旅游

生态旅游是重要的旅游形态，乡村、湿地、大熊猫、森林是四川生态旅游的四大品牌。依托多样的生态景观资源、生物多样性、独特的自然地貌、多样的地域文化资源等，四川构建了春赏花踏青、夏消暑纳凉品果、秋观红叶彩林、冬滑雪寻梅的生态景观，生态旅游收入不断增加。据统计，2015年四川实现生态旅游直接收入658.6亿元，接待游客2.5亿人次，带动社会收入1 860亿元。其中，森林公园、自然保护区、湿地、乡村生态旅游分别实现直接收入71.9亿元、101.7亿元、25.3亿元、459.7亿元。2016年，四川省实现生态旅游直接收入769.8亿元，较去年同期增长16.9%，接待游客2.6亿人次，带动社会收入1 970亿元。其中，森林公园、自然保护区、湿地、乡村生态旅游分别实现直接收入71.7亿元、129.3亿元、31.2亿元、537.6亿元。2017年第一季度，四川林业生态旅游直接收入190.4亿元，接待游客6 975.2万人次，带动社会收入523.1亿元。其中，森林公园生态旅游直接收入19.7亿元，接待游客790万人次；自然保护区生态旅游直接收入18.1亿元，接待游客372万人次；湿地（含湿地类型保护区）生态旅游直接收入9.6亿元，接待游客281.2万人次；乡村生态旅游直接收入143亿元，接待

游客5 532万人次①。

缪尔在《我们的国家公园》中写道，今天，到大自然中去旅行已经成为一种潮流。越来越多的人们发现，走进大山就是走进家园，大自然是一种必需品，山林公园与山林保护区的作用不仅仅是作为木材与灌溉河流的源泉，它还是生命的源泉；徜徉在弥漫着松香气息的松林里或长满龙胆花的草原上，穿行于查帕拉尔灌木丛中，拨开缀满鲜花、香气袭人的枝丛，沿着河流走到它们的源泉，去感触大地母亲的神经；从一块岩石跳上另一块岩石，感觉它们的生命，聆听它们的歌声；气喘吁吁地进行全身心的锻炼，在纯净的大自然中去做深呼吸，去欢呼，去雀跃。

三、保护生态

习近平总书记多次强调，要像保护眼睛一样保护生态环境，要像对待生命一样对待生态环境，坚决摒弃损害甚至破坏生态环境的发展模式，坚决摒弃以牺牲生态环境换取一时一地经济增长的做法，让良好的生态环境成为人民生活的增长点、成为经济社会持续健康发展的支撑点、成为展现我国良好形象的发力点，让中华大地天更蓝、山更绿、水更清、环境更优美。他还强调，要加快构建科学适度有序的国土空间布局体系、绿色循环低碳发展的产业体系、约束和激励并举的生态文明制度体系、政府企业公众共治的绿色行动体系，加快构建生态功能保障基线、环境质量安全底线、自然资源利用上限三大红线，全方位、全地域、全过程开展生态环境保护建设。

四川的生态建设以大局观、长远观、整体观为主，本着对脚下这块土地负责、对历史和人民负责的态度，以构建若尔盖草原湿地、川滇森林及生物

---

① 李霞. 四川省一季度实现林业生态旅游直接收入190亿元［EB/OL］.（2017-04-06）［2017-07-31］. http://www.scly.gov.cn/contentFile/201704/1491440140312.html.

多样性生态功能区、秦巴山森林及生物多样性生态功能区、大小凉山水土保持和生物多样性生态功能区等四大生态功能区为重点，以长江、金沙江、嘉陵江、岷江—大渡河、沱江、雅砻江、涪江以及渠江等8大流域水土保持带及水生生物重要分布区为骨架，以世界遗产地、自然保护区、水产种质资源保护区、森林公园、湿地公园和风景名胜区等点（块）状分布的典型生态系统为重要组成部分的生态安全战略格局。

（一）设立自然保护区

自然保护区是四川生态保护的一大特色，在四川省48.6万平方公里的土地上，有国家级自然保护区20个、省级自然保护区64个、市县级自然保护区74个，自然保护区面积占全省土地面积的17.2%，全省90%以上陆地生态系统类型、95%的重点保护野生动物物种和65%的高等植物群落得到有效保护。卧龙自然保护区是全国成立最早、面积最大的大熊猫自然保护区，木里鸭嘴兽自然保护区则是四川省首个自然保护区。四川还是大熊猫国家公园的核心区和主体区域，大熊猫公园四川区面积为20 177平方公里，占大熊猫国家公园总面积的74%。黄龙自然保护区、卧龙自然保护区已成为世界"人与生物圈保护网"成员，九寨沟、黄龙、大熊猫栖息地、都江堰等还是世界自然遗产地、世界文化遗产地以及世界自然与文化遗产地。

（二）完善生态保护制度

保护生态重在建章立制，用最严格的制度、最严密的法治保护生态环境。四川不仅将保护长江上游独特生态系统置于压倒性位置，确立了生态省建设和建设长江上游生态屏障目标，而且还制定和完善了生态环境保护系列规章制度，相继颁布了《四川省自然保护区制度》《四川湿地保护条例》《四川省天然林保护条例》《四川野生植物资源保护条例》以及《四川省生物多样性保护战略与行动计划（2011—2020年）》《四川省林地保护利用规划（2010—2020年）》，用制度和规划保护生态环境。同时，针对生态脆弱地区实施了以防沙治沙、石漠化综合治理、干旱河谷地区生态治理、灾损及工程创面生态修复等为主要内容的生态脆弱地区治理工作，建立了湿地、森林、草原、耕地、河流等生态保护基金以及生态环境保护机制。

（三）划定生态保护红线

生态保护红线是不能逾越的底线，是生态保护的基础。生态保护红线是指依法在重点生态功能区、生态环境敏感区和脆弱区等区域划定的严格管控边界，是国家和区域生态安全的底线，对于维护生态安全格局、保障生态服务功能、支撑经济社会可持续发展具有重要作用。四川省生态保护红线区内面积达到19.7万平方公里，占全省辖区面积的40.6%。其中，Ⅰ类管控区3.8万平方公里，约占比7.8%；Ⅱ类管控区15.9万平方公里，约占比32.8%。生态红线保护空间格局"四轴九核"共有13个保护区块。

（四）实施草原保护治理

草原（地）是四川最为重要的生态资源。四川有天然草地16.4万平方公里，是全国五大牧区之一，有半农半牧和纯牧区县（市）48个，全部分布在甘孜、阿坝和凉山3个少数民族自治州。草原（草地）是极为重要的陆地生态系统，也是生物多样性最为富集的生态系统之一。全省四大重点生态功能区之一的若尔盖草原湿地就是最典型的草原，也是全球面积最大的高原沼泽湿地。草原生态面临着草地沙化、退化、鼠害等威胁，通过实施草原承包经营、禁牧休牧轮牧、草畜平衡、基本草原保护等制度，四川草地生态系统得到极大改善，川西北地区草原植被盖度不断提高，草地载畜量持续下降，草地产业结构不断优化，草地旅游、草地牧家乐等新型业态不断发展。据调查，阿坝州84%的天然草场被划入了基本草原，草原禁牧管护区植被盖度平均达84.6%，鲜草产量每亩（1平方公里＝1 500亩）380.4公斤①。

（五）强化环境保护

四川严格实施水资源保护，实施地下水保护和监测，基本实现地下水的采补平衡；强化农田生态保护，全面实施耕地质量保护与提升行动，加大退化、酸化、污染、损毁农田改良和修复力度；实施化肥农药使用量零增长行动，开展农作物秸秆、畜禽粪污和农用残膜资源化循环利用，防治农业面源污染；加强耕地质量、草原生态、外来物种调查监测，建立监测评估和预警体系；严格落实天然水域禁渔期制度，强化水下工程作业项目对渔业资源的补救措施，保护和改善渔业水域生态环境；健全生物安全查验机制，加大基因、物种、典型生态系统和景观多样性保护力度，有效防范物种资源丧失和外来物种入侵；加快灾害调查评价、监测预警、防治、应急等防灾减灾体系建设，探索建立重要河湖生态水量保障机制。

四、建设生态

在漫长的人类文明过程中，人类对生态环境造成了巨大的破坏，也多次遭受到了自然的报复，如洪涝灾害、极端天气、水土流失、生物多样性下降、水土气污染等。仅依靠生态的自我更新和保护，远不能满足人类发展的需求。人类不仅能够破坏生态，也能够维护和建设生态，促进生态环境的自我更新和发展。至2010年年底，四川省有国家级生态县2个，省级生态县8个。而至2016年年底，全省有国家级生态县（区）15个，省级生态县（市、区）48个、生态乡镇648个、生态村630个、生态小区608个、生态家园82 450户、绿色学校2 113个、绿色社区587个。

（一）绿化全川行动

绿色是大地的底色，绿色是生命的象征。实施山水田林湖一体化生态保护和修复措施，开展大规模国土绿化行动是重要抓手。针对森林等生态资源总量不足、质量效益不高等问题，在持续实施各种重点生态工程建设的基础上，四川于2016年提出了《大规模绿化全川行动方案》（以下简称《方案》）。《方案》提出，围绕构建"四区八带多点"生态安全格局，以开展植树造林、推进扩绿增绿、恢复提升生态系统功能为重点，用5年左右时间，统筹实施九大绿化行动，努力推动全省国土绿化取得决定性突破。至2020年，全省森林覆盖率应达到40%，林木覆盖率应达到50%，国土绿化覆盖率应达到70%，建成长江上游生态屏障，构筑生态文明新家园。

（二）森林城市建设

森林是城市最具生命力的基础设施，是城市最为短缺的公共产品。建设森林城市是大规模绿化全川、筑牢长江上游生态屏障的重要支撑，是增强城市综合竞争力的重要途径，是增进人民群众生态福祉的德政工程，对于推进绿色发展、实现全面小康具有十分重要的意义。四川通过实施森林进城市、森林环城、森林村镇、森林城市群，提升森林城市质量，开展森林惠民利民、城市森林文化建设等工程，提高城市生态服务功能，努力将城市建设成为宜居、宜业、宜产、宜商、宜游之地。至2020年，四川森林城市建设全面推进，将初步形成符合省情、层次丰富、特色鲜明的森林城市发展格局，基本建成成都平原、川南、川东北、攀西四大森林城市群；建成森林城市30个（其中国家森林城市12个）、森林小镇100个、森林示范村庄300个。

链接：成都市"增绿十条"

一是公园增绿，新建一批城市综合性公园、湿地公园、郊野公园、小游园、微绿地。二是滨水增绿，做好滨水绿化整体提升，实现滨水增绿，达到水系"绿通"。三是城市道路增绿，提升绿化总量，彰显生态园林特色。四是小区绿化与立体绿化增绿，提升居住小区整体绿化水平，实施立体绿化工程建设。五是增花添彩，构建中心城区花卉彩叶特色空间格局。六是天府绿道增绿，构建完善以"一轴两山三环七道"为主体骨架的绿网和天府绿道体系。七是生态廊道增绿，建设景观生态廊道、多彩通道，打造机场、车站、立交枢纽等城市门户绿化景观。八是龙泉山植被恢复增绿，加快推进龙泉山森林植被恢复，提升城市"东进"和新城新区生态能级。九是龙门山植被提升增绿，强化龙门山大熊猫栖息地原生植被保护提升。十是生态管护与修复增绿，推进天然林资源保护工程和退耕还林工程，全面修复水土流失、废弃矿场、工程创面等区域植被。

（三）重点生态工程

生态需要培育和维护，退化生态需要治理，灾毁生态需要修复。重点生态工程是修复与治理的主要手段，是提升生态服务功能并持续服务于人类经济社会发展的基础。四川的重点生态工程主要集中在天然林保护工程、退耕还林还草工程、沙化治理工程、地质灾害治理等方面。四川是天然林保护工程的发源地，1998年就在全国率先启动实施。1998年至2017年的20年间，四川的天然林保护工程相继被划分为试点期（1998—1999年）、一期（2000—2010年）和二期（2011—2020年），共实施营造林面积10 273.33万亩。其中，人工造林2 032.48万亩，封山育林5 448.42万亩，飞播造林1 066.5万亩，森林

抚育1 676.93万亩，人工促进天然更新49.0万亩，落实中央预算内（含国债投资）和中央财政专项投资77.33亿元。四川还是最早实施退耕还林的省份，1999年就在全国率先启动，首轮退耕还林成果达1 336.4万亩，新一轮将有115万亩。在草地保护方面，四川按照"生产生态有机结合、生态优先"原则，推进草原围栏、退化草原补播、人工饲草地建设，加大草原"黑土滩"和退化草地治理力度，促进草原生态修复，有效改善草原生态环境，切实增强草原可持续发展能力，努力构建"草原增绿、农牧民增收、草牧业增效"的良性共赢局面。甘孜州石渠县目前已经"驯服"25万亩流动沙丘，60%国土重新染绿，实现了从沙逼人退到绿进沙退的转变。至2020年，全省将完成草原生态保护修复3 000万亩。其中，人工种草1 500万亩，草原改良600万亩，板结化草原治理300万亩，鼠荒地治理600万亩。同时，发挥湿地作为"地球之肾"的功能，全面保护所有自然湿地，重点保护和建设若尔盖湿地、石渠湿地、盐源泸沽湖、西昌邛海、遂宁观音湖、眉山东坡湖、雅安汉源湖、泸州长江湿地公园等一批示范基地；开展退耕还湿、退养还滩、生态补水，稳定和扩大湿地面积等工程。

（四）建设美丽乡村

四川遵循乡村自身发展规律，对新村聚居点、旧村落和传统村落进行整体规划和统筹布局。采用新建、改造、保护相结合原则，重视旧村改造和传统村落保护利用，保留乡土味道。加强村庄规划与设计，严格控制农村建设用地，慎砍树、禁挖山、不填湖、少拆房，形成依山就势、错落有致的村落格局，留得住青山绿水，记得住乡愁。严格村镇规划管控，规范农村建房行为，推行农村住房建设标准。按照"小规模、组团式、微田园、生态化"要求，突出地域特色和民族风格，建设彝家新寨、藏区新居、巴山新居、乌蒙新村，建设"业兴、家富、人和、村美"的幸福美丽新村。同步推进山水田林路综合治理，推进建庭院、建入户路、建沼气池和改水、改厨、改厕、改圈"三建四改"，推进农村能源清洁化，整治河渠沟塘，改善农村人居环境。深化文明村镇创建，让群众住上好房子、过上好日子、养成好习惯、形成好风气。

（五）打赢三大战役

　　良好的生态环境是最公平的公共产品，是最普惠的民生福祉。不仅要重视自然生态保护，更要注重污染防治。四川特别重视污染治理和防治工作，相继实施了三大污染防治攻坚工作。一是大气污染防治攻坚工作，采用"协同治污、联合执法、应急联动、公众参与"的区域大气污染联防联控机制，实行空气环境质量改善财政激励机制，减少工业污染物排放、抑制城市扬尘、禁止秸秆焚烧、治理机动车污染源等；二是实施水污染防治攻坚工作，以强力控制和削减总磷、氨氮、化学需氧量污染物为主攻方向，以岷江、沱江和嘉陵江流域为重点整治区域，对嘉陵江、青衣江、紫坪铺水库、泸沽湖等重点生态功能水体实施保护，加大市（州）集中式饮用水备用水源、应急水源建设，全面改善水环境质量；三是开展土壤污染防治攻坚工作，通过落实土壤污染防治行动计划，严控新增污染，逐步减少存量污染，加强土壤环境监测预警基础建设，实施土壤污染分类管控和土壤污染治理与修复工程，全面提升土壤质量。

　　四川地处长江及黄河上游，跨青藏高原、横断山脉、云贵高原、秦巴山地和四川盆地几大地貌单元，气候地域差异巨大，垂直变化明显，海拔由低到高依次为亚热带、暖温带、温带、寒温带、亚寒带等气候类型。长江由西向东横贯全省，川江河段长1 030公里，支流有雅砻江、岷江、沱江、嘉陵江等。四川植被类型多样，是我国乃至世界极其珍贵的生物基因库，为我国三大林区、五大牧区之一。四川既是全国生态建设的核心地

区、生物多样性富集区和长江上游重点水源涵养区，又是典型的生态脆弱区，加大生态建设和环境保护力度，加快构建长江上游生态屏障，对维护三峡工程和长江流域生态安全，促进四川乃至长江流域经济社会可持续发展具有举足轻重的作用。

第 二 章

森林生态

四川生态读本

森林为人类提供了丰富的产品和服务，在碳循环过程中扮演着不可或缺的角色。据调查，全球森林每年可吸收大气中约10亿吨的二氧化碳，其中有14%是人类各种活动排放产生的。森林在不同层面为人类提供生态服务。森林生态服务包括森林的碳汇功能、森林的生物多样性保护、森林的休闲娱乐、森林的流域保护、森林的传统文化价值。森林源源不断地提供人类生存发展所需要的各类产品，如木材、薪柴、森林食物、药材、纤维等，是人类生存发展的基础。森林也是可储存、可再生资源的典型代表，其一方面具有极强的产业功能，如木材及木材相关产业、林化产业、林药产业、种子及苗圃产业、森林食品产业等；另一方面森林又是最大的陆地生态系统，生态功能非常强大，且与生态产品紧密相连。森林集民生、产业、生态、文化、美学等多种功能于一体。保护森林就是保护我们美丽的家园，爱护森林就是爱护我们人类自己。森林既为人类社会提供了丰富的物质产品，也为人类提供了巨大的生态效益。美国、日本等国的研究表明，森林

生态效益大于其自身价值的10倍以上。森林面积、森林质量是衡量一个国家经济社会发展的重要标识。

一、森林资源概况

森林是陆地生态系统的主体和自然资源的宝库，是生态林业、民生林业的基础和载体。森林，按其起源，可分为天然林、次生林、人工林等；按其用途，可分为生态林、兼用林和经济林以及特种用途林；按功能，可分为公益林和商品林。公益林是指以维护和改善生态环境、保持生态平衡、保护生物多样性等满足人类社会的生态、社会需求和可持续发展为主体功能，主要提供公益性、社会性产品或服务的森林、林木、林地。商品林是以发挥经济效益，提供木材、薪柴以及其他林产品为主的森林，包括各类用材林、经济林、竹林等。

四川是森林资源最丰富的地区之一，也是西南原始林的核心区域，更是全国公益林占比较高的省份。全省森林以天然林占绝对优势，其中原始林主要分布在川西，以云杉林、冷杉林及高山栎林为主；天然次生林主要分布于西南部和东部，以松、柏林为主；人工林也占较大比重，主要分布于盆地及周围山地，以杉木、马尾松、柏木、柳杉等为主；竹林也是不可忽视的重要资源，蜀南竹海是竹林资源的典型代表。全省竹林地面积达62.91万公顷〔占全省有林地的4.07%（2014年数据），1平方公里＝100公顷〕，其中竹材林37.5万公顷。竹子生长快、成材早、出材量高，既是良好的工业原料，又是保持水土、涵养水源、净化空气的重要资源之一，而且四季常青，观赏价值高，有重要的生态旅游价值。此外，经济林资源也是重要的森林资源类型，主要包括木本油料林、木本粮食林、特种经济林、木本药材林和果木林。木本油料林主要有油桐、油茶、乌桕、核桃和油橄榄；木本粮食林主要有板栗、枣树、柿；特种经济林主要有漆树、白蜡、紫胶寄主树和五倍子等；木本药材林类型尤为丰富，常见有巴豆、厚朴、杜仲、黄柏、山苍子、黄杞和木香；果木林，有温带的苹果树和梨树，有亚热带的柑、桔、柚等。其他经济林有桑树、棕榈、花椒、茶树等。2014年四川省公益林结构见表2-1。

表2-1　四川省公益林结构（2014年）

类别	级别	面积（万公顷）	比重（%）
森林权属	国有	1 195.43	67.94
	集体	564.13	32.06
森林保护等级	一级保护	326.8	29.07
	二级保护	1 232.61	71.91
	三级保护	154.65	9.02
森林区域分布	盆地丘陵区	87.08	4.95
	盆周山区	327.96	18.64
	川西南山地区	239.43	13.61
	川西高原区	1 059.59	60.22
森林区位	江河源头	7.9	0.45
	江河两岸	236.37	13.43
	国家级自然保护区和遗产地	208.47	11.85
	湿地和水库	11.2	0.64
	荒漠化及水土流失区	1 295.62	73.63
公益林类型	国家级公益林	1 620.61	92.1
	省级公益林	93.44	5.31
	地方级公益林	45.5	2.59

资料来源：《四川省林业资源及效益监测报告（2014年度）》。

四川省森林面积1 750.79万公顷（2015年），森林覆盖率36.88%（2016年），森林提供的主要林产品有木材、非木材林产品两大类。据统计，2015年全省木材产量为169.72万立方米，竹材产量为8 163万根，锯材产量为146.97万立方米，人造板产量为812.51万立方米。同年统计的非木材林产品构成为：松香类产品825吨、油桐籽17 934吨、油茶籽20 708吨、竹笋干138 195吨、核桃458 435吨、木本药材133 768吨、花椒56 657吨、山野菜14 935吨、板栗38 081吨。同时，森林产业还直接提供了4.58万个工作岗位。近年来，森林旅游、森林康养、林下畜禽养殖等也成为四川重要的森林经营活动。而且，从1998年启动天然林保护和1999年实施退耕还林工程后，以核桃、竹笋干等为主的森林副产品产量持续增加，核桃、竹笋干以及山野菜在部分地区已经成为林农的最主要收入来源。2002年至2016年四川省森林覆盖率变动情况见图2-1。

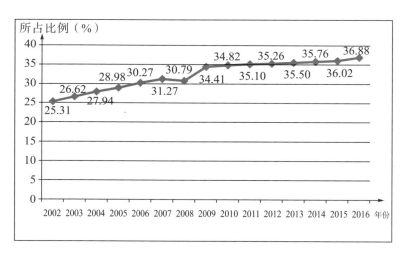

图 2-1 2002 年—2016 年四川省森林覆盖率变动图

二、森林生态服务

森林是陆地最大的生态系统，是以乔木为主体、具有一定面积的植物群落。历史上，森林的面积曾经达到76亿公顷，覆盖着世界陆地面积的三分之二。由于人类大规模砍伐，森林遭到破坏，森林面积不断减少。联合国粮农组织对2015年世界森林的评估结果显示，1990年，全球森林面积约41.28亿公顷，占全球土地面积的31.6%，而到2015年则变为约39.99亿公顷，占全球土地面积的30.6%，森林面积在持续减少。[①]森林不仅在消除农村贫困、确保粮食安全和为人们提供生计方面发挥着根本作用，森林还能提供重要的环境服务，如清洁的空气和水、保护生物多样性和应对气候变化，森林还为超过一半的陆地动物、植物和昆虫物种提供栖息地。据测算，2014年四川森林的生态服务价值高达14 770.17亿元，其中天然林提供的生态服务年度价值为10 339.49亿元（占总量的70%），退耕林提供的生态服务年度价值为8%。

森林的生态服务功能主要体现在以下几个方面。[②]

（一）森林是陆地生态系统的主体和地球生命系统的支柱

森林是自然界最丰富、最稳定和最完善的碳贮库、基因库、资源库、蓄水库和能源库，具有调节气候、涵养水源、保持水土、防风固沙、改良土壤、减少污染等多种功能，对改善生态环境、维护生态平衡，保护人类生存发展的

[①] 中国林业网. 联合国粮农组织2015年全球森林资源评估结果显示全球森林面积减少但净砍伐速度下降［EB/OL］. （2016-03-23）［2017-08-20］. http://www.forestry.gov.cn/zlszz/4254/content-855156.html.

[②] 中国可持续发展林业战略研究项目组. 中国可持续发展林业战略研究总论[M]. 北京：中国林业出版社，2002.

"基本环境"起着决定性的和不可替代的作用。在各类生态系统中，森林生态系统对人类的影响是最直接、最重大，也最关键的。离开森林的庇护，人类的生存与发展就会失去依托。森林是二氧化碳的主要消耗者，以二氧化碳作为原料进行光合作用，固碳和储藏碳，同时释放氧气。研究表明，森林每生产10吨干物质，可吸收16吨二氧化碳，释放12吨氧气；森林每生长出1立方米的蓄积量，大约可以吸收0.35吨的二氧化碳。陆地生态系统碳储量为600亿～8 300亿吨，其中有90%的碳自然存储于森林之中，森林就是一个巨大的碳库。

（二）森林是陆地基因库

森林是地球生命系统的基因库，保留着地球生命系统最丰富的遗传基因。森林还是一个庞大的生物世界，森林中除了各种乔木、灌木、草本植物外，还有苔藓、地衣、蕨类、鸟类、兽类、昆虫和微生物等。世界上约有530万种物种，包括25万种植物、4.5万种脊椎动物和500万种非脊椎动物，其中大部分在森林中栖息繁衍。森林作为陆地生态系统的主体，承担着太阳能转换的主体任务，是地球生命系统的能量库。

（三）森林是天然水库

森林复杂的垂直结构、浓密的林冠层、林下枯枝落叶层，能有效截留降水，缓解雨水对地表的直接冲刷。森林庞大的根系，可以改善土壤结构和发挥固土作用。林地土壤的渗透力可降低地表径流，减少水土流失。森林凭借庞大的林冠、深厚的枯枝落叶层和发达的根系，发挥着良好的蓄水和净化水质的作用。林冠层、林下灌丛、林下落叶、林地土壤等通过拦截、吸收、蓄积降水，涵养大量水源。通常情况下，森林生态系统林冠截留水占10%～40%，冠层穿透水占15%～60%，穿透林冠后的径流水占5%～20%。森林枯落物还具有很强的保水能力，其吸水量可达自身干重的2～4倍。森林土壤则是巨大的天然水库，其蓄水量是十分庞大的。森林还能吸收净化大气中的污染物，减少雨水中的污染物浓度，对降水中的化学元素进行再分配和调节，确保径流中的化学元素不会出现过高和过低的现象。

（四）森林是农业的天然屏障

森林能有效改善农业生态环境，增强农牧业抵御干旱、风沙、干热风、冰雹、霜冻等自然灾害的能力，促进农业高产稳产。建设农田防护林网和实行"四旁"绿化是保护农业生产的有效措施。森林根系分布在土壤深层，基本不与地表的农作物争肥，可以为农田防风保湿，调节局部气候。而林中的枯枝落叶及林下微生物的物化作用可共生培肥，改善土壤结构，促进土壤熟化过程，增强土壤自身的增肥功能和农田保持生产的潜力。据测算，农田防护林能使粮食平均增产15%~20%。气流在通过防风林带时的速度会明显减弱，因此森林具有很好的防风效果以及水分调节效应。

三、森林生态利用

（一）木材林产品

木材是森林的重要产出物。树木生长吸收二氧化碳并释放氧气，当活立木完全成熟时，树木进入缓慢生长期直到停止生长甚至反向生长，释放大量二氧化碳。木材一直是森林提供给人类的重要产品，伐木产业也是一个基础性的资源产业。四川省木材产量从1998年开始出现急剧下降，2006年木材产量开始恢复，2008年木材产量出现了一个峰值期，达到285万立方米（2008年"5·12"汶川特大地震发生，灾区恢复重建过程中对木材需求量大，形成了木材产量的一个峰值），2010年木材产量降到了163万立方米，2011年后木材产量又快速增加到240万立方米，2012年木材产量为246万立方米，2013年木材产量为237万立方

米（当年发生了"4·20"芦山大地震），2015年木材产量再次下降到170万立方米。2015年，四川依托森林木材等产品的木材加工和木竹、藤、棕、草制品业的产值约3.7亿元，提供了3.95万个岗位，家居制造业的产值约5.1亿元，提供了8.67万个岗位。木材产品在社会经济发展和民众生活中扮演着重要角色。1998年至2015年四川省木材产量变动情况见图2-2。

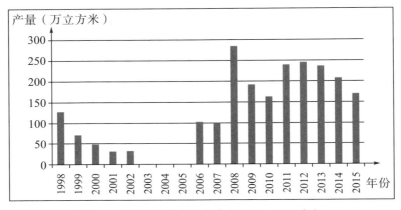

图 2-2　四川省木材产量变动（1998—2015 年）

（二）非木材林产品

非木材产品是森林的慷慨赠予，是人类生活生存发展的重要补充。非木材林产品资源相对于木材产品而言，是从森林及其生物量获取的各种供商业、工业和家庭自用的产品，由木本植物食品（果品类、木本油料等）、木本脂生漆蜡（油桐、松脂等）、林产香料（桉油、山苍子油等）、森林饮品（沙棘、猕猴桃等）、食用菌和野菜（香菇、蕨菜等）、森林药材（人参、杜仲、鹿茸等）、森林饲料（松叶粉饲料等）、野生动物及动物产品（岩蜂蜜等）、竹藤产品、森林旅游、花卉等组成。自1998年实施天然林保护工程以来，四川森林资源的利用从以木材为主转变为以森林生态与非木材产品为主，各种森林食品（坚果、水果、山野菜、竹笋等）、森林药材、林化产品、竹藤产品、花卉园艺等的产量快速增长。以核桃为例，全省核桃产量从1998年的28 711吨增加到2015年的458 435吨，增长了15.97倍；竹笋干则从1998年的6 100吨增加到2015年的138 195吨，增长了22.65倍；油茶籽也从1998年的6 479吨增加到2015年的20 708吨。目前，非木材林产品以及林下经济已经发展成为四川农村农户家庭极为重要的收入来源。2016年四川省森林副产品增长情况见表2-2。

表2-2　四川省森林副产品增长变动（单位：吨）

年份＼副产品	生漆	油桐	油茶籽	核桃	竹笋干
1998	549	40 544	6 479	28 711	6 100
1999	1 274	39 626	4 273	23 842	7 886
2000	826	46 534	4 372	32 095	8 914
2001	611	37 149	4 278	32 744	9 925
2002	1 091	53 152	10 228	70 534	23 722
2003	1 319	50 299	11 854	77 004	28 250
2004	1 091	39 276	4 037	56 731	40 696
2005	725	30 314	2 464	59 272	62 190
2006	1 335	36 748	3 578	61 112	48 895
2007	909	31 352	10 272	76 721	40 434
2008	841	28 277	3 358	91 170	62 826
2009	819	24 236	3 426	123 683	51 349
2010	675	22 041	4 360	126 109	78 952
2011	663	23 923	4 649	176 710	128 841
2012	546	17 281	4 180	211 944	42 292
2013	583	15 276	5 361	245 876	87 855
2014	477	16 363	13 718	293 750	109 554
2015	489	17 934	20 708	458 435	138 195

资料来源：《四川省统计年鉴（2016）》。

（三）森林旅游

森林旅游是指人们利用休假、探视、疗养等业余时间，依托森林自然资源，采用多种形式进入森林生态环境，以观赏游览森林自然风光、历史遗迹及人文景观等为主要目的的综合性野游活动。[①]大熊猫、森林、湿地、乡村是四川的四大生态旅游品牌资源，其中依托森林资源所开展的森林游憩、观光、休闲度假、康复养生、森林探险、科普教育等系列森林体验旅游，以其独有的魅力，正吸引着越来越多的人来到林区，森林旅游产业快速发展，旅游收入不断增加，已成为当地林区农户极为重要的收入来源。阿坝州2015年的森林生态旅游总人数达到1 017万人次，森林生态旅游总收入76.8亿元，农民从森林生态旅游上获得收入1.59亿元，人均收入224.89元。[②]2016年，四川生态旅游接待游客2.6亿人次，实现直接收入769.8亿元，其中乡村生态游独占鳌头，实现直接收入537.6亿元，自然保护区旅游紧随其后，直接收入129.3亿元。森林旅游正在成为森林资源利用的重要方向。

（四）森林康养

森林康养是森林利用的新业态，森林芳香和森林负氧离子对人类自我康复具有积极作用，被称为"天然医院"。拥有123个森林公园、36个湿地公园和123个自然保护区，林地面积居全国第三位、森林面积居全国第四位的四川，着力推动森林康养产业的发展。2015年7月，以"体验森林康养、

---

① 中国可持续发展林业战略研究项目组. 中国可持续发展林业战略研究总论[M]. 北京：中国林业出版社，2002.

② 阿坝藏族羌族自治州林业局. 阿坝林业产业助力精准脱贫.（2016-04-07）［2017-08-20］. http://www.ably.gov.cn/scly/gongzuodongtai/12374585.jhtml.

订制美好生活"为主的四川首届森林康养年会在眉山举办，确定了首批十大森林康养试点示范基地。2016年10月，以"沐浴花城阳光、共享森林健康"为主题的第二届森林康养年会在攀枝花举办。同年，绵阳市成立了全国首个市级森林康养协会；省生态旅游协会对全省森林公园和自然保护区的负氧离子点位数据进行了评估，唐家河自然保护区等被评为四川十大国家级"森林氧吧"；四川省林业厅印发《关于大力推进森林康养产业发展的意见》（川林发〔2016〕37号）（以下简称《意见》）。《意见》认为，森林康养产业是吸收国际森林疗养理念、融合中华养生文化精髓、发挥森林综合功能、服务大健康需求，创新确立的新型战略产业。森林康养是指以森林对人体的特殊功效为基础，以传统中医学与森林医学原理为理论支撑，以森林景观、森林环境、森林食品及生态文化等为主要资源和依托，开展以修身养性、调适机能、养颜健体、养生养老等为目的的活动。森林康养产业包括森林浴、森林休闲、森林度假、森林体验、森林运动、森林教育、森林保健、森林养生、森林养老、森林疗养和森林食疗（补）等各类相似业态，是所有依托森林等林业资源开展的现代服务业的总称。森林康养是创新驱动的重要领域，是实现"绿水青山就是金山银山"的重要途径。目前，森林康养正在全省各地蓬勃发展，南江县推出了森林康养的"1333"模式，即将北部11个乡镇建设成养身、养心、养性、养智、养德的"五养圣地"，将中部20个乡镇建设为森林康养"休闲福地"，将南部17个乡镇建设成乡村森林康养"体验高地"。目前，森林康养已成为南江县的特色品牌。

链接：四川省森林康养试点示范基地

首批森林康养试点示范基地（2015）有：南溪马家红豆杉基地、洪雅玉屏山森林康养基地、长江造林局白马森林康养中心、峨眉半山七里坪国际森林度假区、夹金山国家森林公园神龙沟、普威林业局"迷易森林"康养基地、四川省鸡冠山森林公园、米仓山国家森林公园、天曌山国家森林公园、空山国家森林公园等10处。第二批森林康养试点示范基地（2017）有：金堂玉皇养生谷森林康养基地、龙泉黄风湿国际森林康养基地、攀枝花花舞人间森林康养基地等共计53处。

此外，四川省还有七曲山国家森林公园、米仓山国家森林公园、夹金山国家森林公园、宣汉国家森林公园、福宝国家森林公园、二滩森林康养基地、药王谷、白马王朗、唱歌石林、罗纯岗等13处全国森林康养基地试点单位。

（五）林下经济

林下经济是以"林下种植、林下养殖、相关产品采集加工和森林景观利用"为主的经济形态，是林区的绿色经济、农业的特色经济和农民的立体经济。按照（国发办〔2012〕42号）文件的界定，林下经济有四种基本类型，即林下种植、林下养殖、林下产品采集加工和森林旅游，其依托对象是森林资源和林地资源。四川省人民政府办公厅《关于加快林下经济发展的意见》提出要建成一批规模大、效益好、带动力强的林下经济示范基地，重点扶持一批龙头企业和农民林业专业合作社，逐步形成"一县一业、一村一品"的发展格局，增强林农持续增收能力，林下经济产值和农民林业综合收入实现稳定增长，林下经济产值占林业总产值的比重显著提高。"十三五"期间，四川林下经济发展重点是林下生态种植、林下生态养殖、林下野生产品采集以及林下产品加工。

　　链接：“十三五”期间四川省林下经济发展重点

　　一是积极发展林下生态种植。以盆周山区、盆中丘陵区为重点，以林业产业基地为主要载体，采取林药、林菌、林菜、林茶、林果、林粮或林草等模式，逐步扩大林下适宜品种的种植规模，提高经营水平。到2020年，全省林下种植规模达到428万亩，建成国家和省级林下种植示范基地30个，实现年产值178亿元。二是科学发展林下生态养殖。以盆中丘陵区、盆周山区为重点，采取林禽、林畜、林蜂等模式和轮养、放养等方式，科学发展林下养殖业。到2020年，全省林下生态养殖总规模达到429万亩，养禽数超过2亿羽，养畜量突破845万头，放养蜜蜂41万箱，建成国家和省级林下养殖示范基地20个，林下生态养殖产值达到175亿元，惠及农户159万户。三是适度发展林下野生产品采集。以川西高山峡谷区、川西南山区和盆周山区为重点，按照依法开发、持续利用的原则，在加强保育区和种源区建设管理的基础上，引导林区群众适时、适度开展林下野生菌类或松脂、松籽、野生药材、山野菜等产品采集。到2020年，全省林下野生产品采集总量达到48万吨，实现产值23亿元，涉及林农90万户。四是抓好林下产品加工。着力引导和支持企业、专业合作组织、业主大户、职业经理人等新型经营主体到林下产品集中区开展产品清洗、分选、加工、包装、保鲜或储运业务，建立营销网络。到2020年，全省林下产品商品化处理率达到80%以上，加工转化率超过50%，建成国家和省级林下产品采集加工示范基地10个。[①]

---

① 四川省人民政府. 我省林业着力推进林下经济发展. （2016-12-19）［2017-08-15］. http://www.sc.gov.cn/10462/10464/10465/10574/2016/12/19/10407987.shtml.

四、森林生态保护

持续稳定的森林资源，既是生态文明社会的重要体现，也是满足人们不断增长的多样化需求的重要载体。因而，恢复森林、保护生态是人类的共同愿望和责任。建设长江上游生态屏障，森林生态是关键和核心，森林资源是载体和平台。

天然林资源保护工程是针对森林生态的最直接保护。四川是最早实施天然林保护工程的省份之一，1998年9月30日开始实施天然林禁伐，对天然林资源停止商业性采伐并实施森林资源管护抚育，森工工人从砍树人变为管护人和栽树人（生态工人）。2001—2010年为天然林保护工程第一期[①]，2011—2020年为第二期，全省所有天然林资源得到了有效保护，森林蓄积量逐年增加，森林生物多样性明显恢复，森林资源利用从木材林业转变为生态林业和民生林业，森林旅游、森林康养、森林食品、森林养殖以及森林药材等成为森林资源利用的重要方向。不仅如此，国民经济和社会发展规划、生态保护与建设规划等，也将森林生态保护作为重点任务和重点项目。四川"十三五"规划就明确提出，天然林保护二期工程是重点生态工程，对2.57亿亩国有林和集体公益林进行常年有效管护，积极开展公益林建设；实施森林防火三期、林业有害生物防治、森林生态资源监测等工程体系建设，提高森林保育的能力。在生态保护和建设规划中，进一步明确了森林生态系统保护和培育的重点工程的范围及内容，包括天然林资源保护、退耕还林、长江上游沿江生态廊道修复、成都平原生态屏障建设、血防林、国家储备林等工程。（见表2-3）

---

① 工程涉及四川省共176个县（市、区）和28户重点森工企业，总投资148亿元。主要包括人工造林、飞播造林、封山育林以及管护现有森林、全面禁止天然林商品性采伐等措施。

表2-3 四川"十三五"期间森林生态系统保护和培育重点工程

工程名称	建设内容及规模
天然林资源保护	对 2.6 亿亩国有林和集体公益林进行全面有效管护，实施人工造林 30 万亩、封山育林 650 万亩
退耕还林	实施新一轮退耕还林 300 万亩，巩固前一轮退耕还林成果 1336.4 万亩
长江上游沿江生态廊道修复与保护	营造八大流域基干防护林带 460 万亩（人工造林 90 万亩，封山育林 370 万亩），采取人工造林方式营造重要湖库环湖（库）基干防护林带 10 万亩
环成都平原生态屏障建设	实施龙门山生态植被保护建设工程和龙泉山生态提升工程，人工造林 10 万亩，封山育林 10 万亩，低效林改造 10 万亩
绿色家园、美丽乡村和通道建设	完成新村造林绿化 140 万亩，实施公路、铁路绿化 41800 公里，全省义务植树参加人数 1.5 亿人次，义务植树 6 亿株
血防林建设	新造抑螺防病林 10 万亩，改造提升抑螺防病林 40 万亩
国家储备林建设	建设以中长周期乡土大径级用材林和珍贵树种用材林为主的国家储备林基地 900 万亩，其中人工造林 200 万亩，抚育森林 460 万亩，低效林改造 240 万亩
森林抚育	抚育森林 740 万亩，其中，天然林 330 万亩，人工林 410 万亩
森林改造	修复退化公益林 600 万亩，改造培育混交（复层）林 50 万亩，改造培育景观林 60 万亩

自然保护区制度是对森林生态的最有效保护。自然保护区是指对有代表性的自然生态系统、珍稀濒危野生动植物物种的天然集中分布区、有特殊意义的自然遗迹等保护对象所在的陆地、陆地水体或者海域，依法划出一定面积予以特殊保护和管理的区域。横跨五大地理单元（青藏高原、四川盆地、秦巴山地、云贵高原、横断山区）的四川省，在保护自然生态系统方面走在了全国的前面。2015年年底，全省有自然保护区168个，面积8.298万平方公

里，占全省土地面积的17.2%。其中，内陆湿地保护区30个、森林生态类保护区43个、野生动物类保护区83个、野生植物类保护区9个、古生物遗迹类保护区2个、地质遗迹类保护区1个。在这168个自然保护区中，国家级自然保护区30个，面积2.948万平方公里；省级自然保护64个，面积2.769万平方公里；市级自然保护区28个，面积8.15万平方公里；县级自然保护区46个，面积1.766万平方公里。2015年四川省自然保护区面积构成情况见图2-3。从自然保护区的面积构成来看，国家和省级自然保护区占全部自然保护区面积的68.9%，县级自然保护区占21.3%，市级自然保护区所占面积最小。

"十三五"期间，四川省还将继续开展生物多样性保护，实施生物多样性观测网络、自然保护区规范化建设，在河流、干旱及干热河谷和矿山等重点区

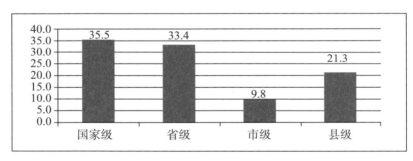

图 2-3　2015 年四川省自然保护区面积构成（%）

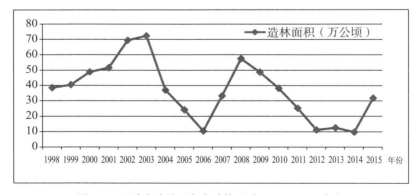

图 2-4　四川省造林面积变动情况（1998—2015 年）

域实施生物多样性保护示范工程，开展极小种群野生动植物野外保护、人工培育和放归试验。

退耕还林工程被誉为"功在千秋"的民生工程，在长江上游生态屏障建设中发挥了重要作用，很好地兼顾了森林的生态效益、社会效益和经济效益。四川也是全国最早实施退耕还林工程的省份之一，1999年年底启动试点示范，2000年在全省范围大面积推广，至2007年年底，全省退耕还林总面积约160万公顷，其中退耕造林面积约84万公顷，荒山造林（草）面积约76万公顷。在退耕造林的面积中，生态林占比为83.7%，经济林占比为15.1%，草地占比为1.2%。退耕还林类森林已经成为四川省森林资源的重要组成部分，按照2015年年底全省森林面积计算，退耕还林型森林面积占全省森林面积的比重为9.2%。自2014年起，新一轮退耕还林再次启动，仅2014、2015两年，四川省退耕还林任务就达到了115万亩，占全国总任务的8.1%，涉及全省18个市州92个县（区市）的60多万农户，覆盖了63万贫困人口。退耕还林也成为四川省农户森林生态建设的重要载体。野生动物的栖息地也因此得到扩大。1998年至2015年四川省造林面积变动情况见图2-4。

五、典型森林生态

（一）蜀南竹海

蜀南竹海是国家首批4A级旅游区，是"中国国家风景名胜区""中国旅游目的地四十佳""中国生物圈保护区"，也是《中国国家地理》评选出的中国最美的十大森林之一。其位于四川南部的宜宾市境内，幅员面积120平方公里，核心景区44平方公里，共有134处景点。景区内共有竹子58种，7万余亩，是全国最大的集山水、溶洞、湖泊、瀑布于一体，兼有历史悠久的人文景观的最大原始"绿竹公园"，植被覆盖率达87%，是空气

负离子含量极高的天然氧吧。蜀南竹海还是川南有名的佛教圣地。古刹梵庙、石窟寺观错落于竹海之中，还有仙寓洞、龙吟寺、天皇寺、天后寺、回龙寺、罗汉洞、天上宫、龙君庙以及洞寨兵卡"天宝寨"等名胜古迹，引人入胜。

（二）龙苍沟国家森林公园

龙苍沟国家森林公园位于四川盆地西部边缘、雅安市中部，在地貌区划中属峨眉中山区，地貌位置属龙门山地褶皱带的南端，大相岭东段余脉的北侧，地势南高北低。地属亚热带湿润季风气候区，四季分明、气候温和、雨量充沛。森林植被类型为亚热带常绿阔叶林，植物种类繁多，共有木本植物77科216属450种，可利用的真菌资源14种，其中珙桐分布面积达79 787亩，是世界上最大面积野生珙桐群落。

（三）光雾山风景名胜区

光雾山地形复杂，峰峦叠嶂，峰林俊美，洞穴幽深，山泉密布，云蒸雾绕，林海浩荡，胜景众多，有"中国红叶第一山"的美誉。光雾山是大巴山重要的生物基因库，自然景观独具特色，动植物资源十分丰富，有冰川时期的"活化石"——巴山水青杠。光雾山的40万亩原始森林是四川北部的天然屏障，植被覆盖率达98%以上，有物种2 300多种，其中红豆杉、红桦、木沙椤、鹅掌楸、连香树、银杏等珍稀树木达20余种，人参、灵芝等珍贵药材1 700多种。有野生动物26目61科195种，其中有金钱豹、猕猴、黑熊、大灵猫、狼、明鬃羊、赤狐、大鲵等25种国家一二类珍稀动物；裂腹鱼、鹭鸶、青麂子、山猫等18种省级保护动物。在光雾山，"春赏山花、夏看山水、秋观红叶、冬览冰挂"。

（四）卧龙自然保护区

卧龙自然保护区以"熊猫之乡""宝贵的生物基因库""天然动植物园"享誉中外，有着丰富的动植物资源和矿产资源。区内共分布着100多只大熊猫，约占全国总数的10%；被列为国家级重点保护的其他珍稀濒危动物如金丝猴、羚牛等，共有56种，其中属于国家一级重点保护的野生动物共有12种，二类保护动物44种。据统计，区内其他动物种类如：脊椎动物450种，其中兽类103种，鸟类283种，两栖类21种，爬行类25种，鱼类18种；昆虫约1 700种。据已采集的植物标本统计，区内植物有近4 000种，其中高等植物1 989种；在种子植物中，裸子植物20种，被子植物1604种。区内被列为国家级珍贵濒危植物的达24种，其中有一级保护植物珙桐、连香树、水清树3种，二级保护植物9种，三级保护植物13种。保护区内还有丰富的水能蕴藏量。

森林生态是四川筑牢长江上游生态屏障的核心和基础，是生态产品供给的载体。尽管全省森林覆盖率、森林面积、森林蓄积量等近几年得到大幅提升并基本构建起了以森林植被为主体的国土安全屏障，但森林生态依然面临着生态资源总量不足、质量效益不高等问题，森林因经营不善、树种单一、林相残缺、人工林①比重过高等影响森林生态服务功能发挥，森林生态服务和生态产品供给能力还有待进一步提升。为此，《大规模绿化全川行动方案》进一步确立了建立以森林植被为主体的国土安全体系，要实施"森林质量提升行动"，改造提升一批绿化、美化、彩化、香化的景观林、康养林以及多彩森林带。四川森林生态建设围绕"生态优百姓富林业兴"的目标，以

---

① 人工林往往是单一树种，导致林种结构单一、生物多样性下降、野生物种的栖息地质量下降，而且还可能施用化肥和农药等。

增质增效为主线，以改革创新为动力，以重点工程为抓手，以依法治理为保障，统筹生态林业、民生林业、法治林业、效益林业、人文林业、服务林业建设，努力推动长江上游生态屏障和林业经济强省建设实现新的跨越。

第三章

草地生态

四川生态读本

　　草地是四川陆地生态系统的重要类型。四川有牧草地2 038.04万公顷，占全省辖区草地面积的43%（仅次于林地面积占比49.42%）。其中，有1 640万公顷（占全省草地面积的80.5%）草地集中连片分布在甘孜藏族自治州（以下简称甘孜州）、阿坝藏族羌族自治州（以下简称阿坝州）、凉山彝族自治州（以下简称凉山州）三个民族自治州，是全国五大牧区之一的川西北牧区。高海拔的金沙江、雅砻江、岷江—大渡河等主要河流的河源区以草地和草地湿地为主。草地提供着水源涵养、水土保持、生物多样性维护等生态服务。全省有11个纯牧区县①，有39个半农半牧区县（市）②，牧区县和半牧区县全部分布在三个民族自治州境内。四川的大草原，还是极为亮

①　这11个纯牧区县包括：松潘县、壤塘县、阿坝县、若尔盖县、红原县、德格县、白玉县、石渠县、色达县、理塘县等。
②　包括汶川县、理县、茂县、九寨沟县、金川县、小金县、黑水县、马尔康市、康定市、泸定县、丹巴县、九龙县、雅江县、道孚县、炉霍县、甘孜县、新龙县、巴塘县、乡城县、稻城县、得荣县、西昌市、木里县、盐源县、德昌县、会理县、会东县、宁南县、普格县、布拖县、金阳县、昭觉县、喜德县、冕宁县、越西县、甘洛县、美姑县、雷波县等。

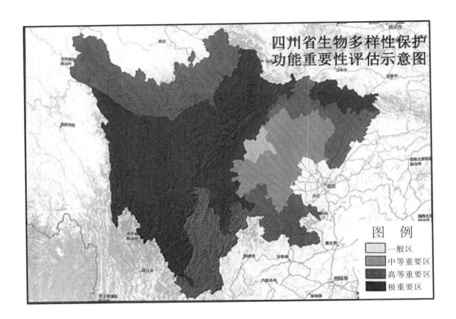

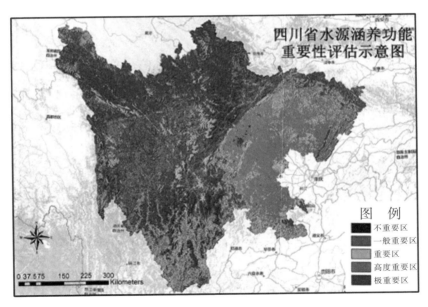

图 3-1 四川省重要生物多样性保护与水源涵养功能重要性评估示意图

眼的生态旅游景观，松潘草原、红原大草原、川西北高山草甸，举世闻名。四川草地是全国草地生态保护和建设的重点地区之一，也是全省生态保护红线区块的关键区域和核心区域，是四川"四区八带多点"生态安全格局的重要组成部分。四川重要生物多样性保护与水源涵养功能重要性情况见图3-1。

一、草地与草地生态

草地是重要的土地资源类型，是牧区、半农半牧区人们赖以生存的生产资料，又兼具保护环境、防风固沙、蓄水保土、改善土壤、调节气候、涵养水源、净化空气、美化环境、保护生物多样性等生态功能，是陆地生态系统的重要组成部分。在水土保持、荒漠化治理中，草地发挥着先导作用。从起源上，一般将草地划分为天然草地、人工草地以及改良草地。天然草地是指以天然草地植物为主，未经改良，用于放牧或割草的草地，包括以牧为主的疏林地、灌木草地等。人工草地是指人工种植牧草的草地，包括人工培植用于牧业的灌木以及退耕还草的草地类型。改良草地是指采用灌溉、排水、施肥、松耙、封育补植等措施进行改良的草地。

（一）四川草地分布

四川草地水平分布大致以邛崃山脉、大相岭、大凉山为界，东面以山地疏林草丛地为典型代表的亚热带草地类型为主，还有以它形成的次生植被山地灌木草丛地和山地草丛地；西面南北两部分的草地由于地貌特征和气候条件的差异而有所不同，西南部主要是山地疏林草丛草地、山地灌木林草丛草地、山地草丛草地，还有干旱河谷灌木草丛草地，安宁河下游与金沙江中下游的河谷地带甚至发育着四川特殊的干热稀树草丛草地，西北部大部分天然草地以高寒草甸、高寒灌丛与亚高山疏林草甸草地为主，在部分河谷也有干旱河谷灌木灌丛草地。四川草地资源以天然草地为主，天然草地面积占草地资源的比重为99.8%。按照草地生产力水平，又可将天然草地划分为四个等级。据调查，全省一等草地面积占比10.49%、二等草地占比39.17%、三等草地占比48.79%，还有1.55%的四等草地不适合放牧。四川草地分布区大部分与重点生态功能区、水源涵养区等在地理空间上重叠，草地发挥着重要的生态服务功能。

（二）草地生态

草地生态是以各种多年生草本占优势的生物群落与其环境构成的功能综合体，受降雨、海拔等自然因子控制；当降雨不足以维持森林的生长时，耐旱多年生草本植物得到生长形成草地；当海拔太高、气候寒冷而不适合森林的成长时，耐寒的多年生草本植物得到生长形成草地。因而，草地又可分为山地草地和高寒草地。山地草地是在山地地面海拔升高，气候冷湿的条件下形成的草地。高寒草地是在高山和青藏高原寒冷条件下，以非常耐寒的旱生矮草本植物为优势形成的草地。四川草地资源受自然因素及社会经济条件的影响，形成了独特多样的自然特点，既有分布在高原延绵平坦的大草原，又有零星分布的草山草坡。四川省2011年可利用草地资源情况见表3-1。

表3-1　四川省可利用草地资源（2011年）

地区	面积（万公顷）	理论载畜量（万羊单位）	占土地面积的比重（%）
甘孜州	833.4533	972.4	54.5
阿坝州	385.6267	584.8	45.8
凉山州	198.6733	423.9	33.1
其余地市	352.6333	872.9	18.7
四川省	1 770.39	2 854	36.6

资料来源：根据四川省草原信息网公布的2011年草原监测数据计算而来。

草地生态系统是在一定的草地空间范围内共同生存于其中的所有生物（即生物群落）与其环境之间不断进行着物质循环、能量流转和信息传递的综合自然整体。草地生态系统是地球陆地生态系统的重要组成部分，在自然界中占有重要地位，与人类的生活和环境有非常密切的关系。草地生态系统的形成与发展受自然规律的支配，也会受人类活动的影响。

二、天然草地类型与区域分布

据全国草地资源调查丛书、四川省天然草地资源调查成果之一《四川草地资源》统计，全省天然草地共分为11个大类，分别是：高寒草甸草地类、高寒沼泽草地类、高寒灌丛草甸草地类、亚高山疏林草甸草地类、山地疏林草丛草地类、山地灌木草丛草地类、山地草丛草地类、干旱河谷灌木草丛草地类、干热稀树草丛草地类和农隙地草地（此处不单独讨论）。

（一）高寒草甸草地

高寒草甸草地是在高原高山与寒冷湿润的自然条件下形成的以多年生中生草类为主的草地类型，在四川分布的海拔高度为3 000（2 800）～4 700米。由于地处高海拔地区，气候寒冷，冬季漫长，无明显夏季，春秋短促，霜冻期长，植物生长期短，昼夜温差大等原因，该类草地具有明显的草根盘结层，草群地下部分的生物量累积高于地上部分，有机物分解缓慢。该类草地主要分布于四川西部的甘孜、阿坝两个自治州及凉山彝族自治州的木里县，此外，凉山州的部分县，攀枝花市的盐边县，雅安市的天全、宝兴、庐山、石棉等县以及绵阳市的平武、北川等县的高山地带也有少量分布。

（二）高寒沼泽草地

高寒沼泽草地是在四川西部高原地区特定的自然环境条件下形成的以沼生植物为主、水生植物间有的草地类型。该类草地所处地形为四川西部丘状高原、山原之间的宽谷底部、阶地、沟谷、古河道、河漫滩、冰蚀台地以及山前泉水溢出处等低洼部位。这些地段，地势开阔平坦，起伏不大，湖群洼地众多，排水条件极差，致使水流不畅；同时，分布地区有着沉积深厚、质地均匀、结构致密的粉砂与轻黏土堆积物形成的隔水层，阻碍水分下渗。海拔高、气候寒冷潮湿、地下水源较丰富、土壤通气不良、有机残体难以分解等因素，都为沼泽草地的形成和发展创造了条件。该草地集中分布于阿坝藏族自治州的若尔盖、红原、阿坝三县，占全省高寒沼泽草地总面积的42.4%，是我国高寒沼泽草地分布面积最大、最为集中连片的地区。除此之外，在甘孜藏族自治州的石渠、色达、理塘、雅江、道孚、康定、稻城等地，也有一定分布，面积为104.4万亩，约占全省高寒沼泽草地总面积的6.2%。在凉山彝族自治州境内，高寒沼泽草地也零星分布于布拖、盐源、木里等县。

（三）高寒灌丛草甸草地

高寒灌丛草甸草地是以耐寒的多年生中生草本植物与覆盖度在50%以下的灌丛相复合形成的草地类型。高寒灌丛草甸草地适应型强，分布在海拔2 800（3 000）~ 4 600米地带，仅稍低于高寒草甸草地的分布范围，海拔高差幅度达1 800米，由南向北的分布带达900余公里，在宽谷阶地、谷底或山顶、阴坡、阳坡等均有分布。高寒灌丛草甸草地是仅次于高寒草甸草地的第二类草地，分布范围遍及甘孜、阿坝、凉山三个自治州全境，以及盆周山区的雅安市、攀枝花市和绵阳市的北川、平武，乐山市的马边等的高山地区。

（四）亚高山疏林草甸草地

亚高山疏林草甸草地是在山地温带、寒带的条件下，散生着稀疏乔木的草甸草地类型，它在四川省主要分布在西部的甘孜、阿坝、凉山三个自治州的高山峡谷区，攀枝花市的高山地带也有少量分布。生长海拔高度在2 800~4 000米之间，呈不连续的斑块分布。亚高山疏林草甸草地大部分是森林砍伐或火烧遗迹地在恢复过程中形成的过渡类型，以山地的阴坡、半阴坡和河谷沿岸较多，常与森林和高寒灌丛草甸草地等镶嵌分布。

（五）山地疏林草丛草地

山地疏林草丛草地广泛分布于全省的中山及部分丘陵地区，从低山、丘陵亚热带气候至山地温带气候条件下均有此类草地分布，生长海拔一般都在2 800米以下。这类草地多由喜温热的禾草及杂类草组成，其上散生着稀疏的乔木，郁闭度在0.3以下。山地疏林草丛草地多数是因森林被砍伐或被火烧后林木变稀疏，生态条件发生改变，草本植物发育良好而形成的；也有部分是由于在原有山地灌木草丛草地或山地草丛草地上人工造林等形成的。

（六）山地灌木草丛草地

山地灌木草丛草地在四川多分布于常绿阔叶林和常绿、落叶混交林范围内，是以灌木和草丛组合而形成的一种次生草地类型，在低山、丘陵及部分中山地区分布极为广泛，分布海拔在2 800米以下。该类草地分布在山地暖湿带和亚热带之间，水热条件优越，以至于所在地区的针、阔叶林被强度砍伐或开垦后，部分耕地被停耕撂荒，使得各种灌木、草本植物得以繁生，形成了灌木丛与草丛复合的草地类型。

（七）山地草丛草地

山地草林丛草地分布在水热条件较好的中、低山地带，是以中生和中生耐旱的草本植物为优势的一种草地资源。主要分布在四川盆地内部的低山、丘陵和盆地边缘山地，海拔多在2 000米以下，是一种次生草地类型。通常情况下亚热带森林被砍伐或被火烧后的遗地，在较长时间受到人类经济活动和自然因素的强烈影响后，生境变干燥，土壤贫瘠，草本植物得到发展而形成了山地草丛草地。部分耕地弃耕后，多种草本植物入侵，也首先形成此类草地。

（八）干旱河谷灌丛草丛草地

四川西部干旱河谷受到焚风影响，形成了以干热谷地气候为特征的金沙江、大渡河、雅砻江、岷江及其支流的河谷地带，生长着与气候条件相适应的干旱河谷灌丛。这类灌丛以耐旱草本植物为主并散生稀疏灌木，是横断山区的一个特殊类型，大约28万公顷，是面积比较少的一种草地类型，分布在德格、道孚、冕宁一线的金沙江、雅砻江、安宁河及其支流以及金川至汉源、小金等县的大渡河河谷，茂汶、汶川等县境内的岷江河谷。攀枝花市和凉山州境内的此类草地分布海拔在1 500米左右，甘孜、阿坝两州和雅安境内的分布海拔在1 400～2 600米。

（九）干热稀树草丛草地

干热稀树草丛草地生长于干热环境中，以中生耐旱禾草草丛为背景，并散生木棉、酸角、红楝子、余甘子等南亚热带指示植物而形成的一种特殊草地类型，仅分布于攀枝花市和凉山彝族自治州南部的部分地区，如米易、延边、攀枝花市郊、德昌、会理、会东和宁南等地，以及海拔在1 500米以下的金沙江、雅砻江与安宁河的河谷地区，呈狭长带分布。

三、草地生态多样化服务

（一）水源涵养与固碳循环

草地是四川陆地最重要的生态系统之一，除了能够为人类提供食物、淡水、生产原料等生活和生产所必需的物质条件外，更重要的是具有支撑和维持地球的生命支持系统、维持生命物质的生物地球化学循环与水文循环、维持生物物种的多样性、维持大气化学的平衡与稳定、净化环境等功能。天然草地具有较强的截留降水、调控径流作用，其渗透性和保水能力也高于空旷裸地。草地拦蓄地表径流的能力比林地高20%，涵养水源的能力比森林高1倍。盖度为60%的草地断面固沙量为0.5立方米，而裸露沙地的过沙量为11立方米。草地还是重要的碳库，全省草原固碳能力有5 600多万吨，能够抵消全省耕地碳排放总量的三分之一。草原还可以吸收噪音和粉尘，是天然的空气净化器。另外，草地养分循环作用显著，大量的排泄物散落在草地生态系统中，在自然风化、淋滤、生物碎裂和微生物分解等综合作用下，得以降解，养分归还草原生态系统。这就避免了大量牲畜粪便积存，对于维持草地生态系统的功能至关重要。

（二）维护生物多样性

草地也是陆地生态系统中生物多样性最为富集的类型。禾本科是草地最丰富的植物，主要有早熟禾属、羊茅属等。川西北草地共计有植物资源102科521属2 322种，大量为野生饲用植物。其中也有部分为野生中草药植物，而且有的中草药植物也可供牲畜采食饲用。[①]阿坝州草地植物资源有 131 科

① 汤宗孝，刘洪先. 川西北草地野生药用植物资源名录（Ⅰ）[J]. 草业与畜牧，2012（1）：29–33.

573属1208种，甘孜州草地植物有96科464属1256种。全省草地范围内受保护的珍稀濒危药用植物有84种，其中，一级4种，二级3种，三级47种。名贵中药材——冬虫夏草就产自川西北草原，四川冬虫夏草产量占全国的30%。全省各类自然保护区中，有许多的草地类自然保护区，如若尔盖自然保护区等。

（三）服务草地旅游经济

草地是旅游资源的重要载体。草地生态旅游、草地文化旅游等，依托草地资源形成了具有川西北特色的草地旅游。四川省草地主要分布在少数民族居住区，草原风光和民族风情长期融合，是开展草原观光、草原风情体验等生态旅游活动的理想场所。特殊的地理环境、悠久的历史文化、多彩的民族风情造就了"黄河大草原风光""高原湿地生态"和"安多藏族风情"三大优势旅游资源。红原、若尔盖大草原和塔公草原生态旅游已初具规模，且发展前景广阔。其中若尔盖着力打造"魂牵湿地大草原·梦绕天边若尔盖"旅游形象，形成了以黄河九曲第一湾、热尔大草原（花湖）、朗木神居峡、巴西会议会址等为核心的若尔盖大草原生态旅游文化知名景区，黄河九曲第一湾还成功创建了川西北草原首个国家 4A 级景区。2006年至2014年红原县入境游客与旅游收入情况见表3-2。

表3-2　2006—2014年红原县入境游客与旅游收入增长表

	2006	2007	2008	2009	2010	2011	2012	2013	2014
游客（万人次）	44.76	53.2	4.71	23.5	44.08	62.19	85.0	94.3	121.04
旅游收入（亿元）	2.03	2.6	0.3	1.57	3.21	4.99	7.59	8.05	10.4

资料来源：红原县国民经济和社会发展统计公报（2006—2014 年）。

（四）繁荣牧区和山区经济发展

四川高原区牦牛、藏羊、藏马、藏香猪等生活在广袤的草地上，同时，四川盆周山区也养殖了大量黄牛、水牛、山羊等家畜，丰富了畜牧商品经济的类型。在山区和民族地区，通过人为和自然选择，草地资源为繁荣牧区和山区经济发展提供着基础物质条件，培育出许多地方优良畜牧品种，例如南江黄羊、万源板角山羊、马边山羊、宣汉黄牛、荥经黄牛、洪雅水牛、德昌水牛等，这不仅为市场提供了丰富的肉类、牛奶、羊奶和皮毛等商品，而且通过多种经营，发展草地中草药和草海旅游，促进了地方经济的发展，加快了偏远地区脱贫致富的进程，有效改变了山区和民族地区人民的经济状态。草地畜牧是草地藏区同胞最主要的生计来源。据统计，2014年年底，甘孜州牧业产值占农林牧渔服等产值的比重达到56.2%，阿坝州为57.5%。三个民族自治州提供的羊毛产量占全省的96.8%。

（五）传承藏区传统文化

川西北是全国仅次于西藏的第二大藏区，是藏区社会发展的前沿阵地。游牧文化是藏族传统文化的精髓，"逐水草而居"是对游牧文化的形象描述。这种"逐"是根据季节变化轮换放牧，放牧时牧民临时居住在帐篷以便照料牧群。牧民跟着畜群转，畜群随着水草走，人畜都循着一年四季的天气变化而游牧，但游牧范围是恒定的，即夏季在高海拔的夏季牧场，冬季回到低海拔的冬季牧场越冬，游牧让草地得到休养生息。[①]帐篷（房）是一种适

---

① 藏族游牧方式是对自然环境的谨慎适应和合理利用。这种方式限制了家畜数量的增长，使其不超出草原牧草生产力的限度。牧民保护草原一切生物的生命权与生存权，既养家畜又保护野生动物；既要放牧又要保护水草资源，按季节、分地域进行游牧，使草地得到休养生息。转引自汪玺，师尚礼，张德罡. 藏族的草原游牧文化（Ⅳ）——藏族的生态文明、文化教育和历史上的法律[J]. 草原与草坪，2011（5）:73–84.

应游牧的居住文化，会随牧群而移动，点缀在草地之上。住帐篷已成为当下最为重要的一种藏区旅游休闲方式。草地（原）传承了藏区的游牧文化、饮食文化、居住文化以及生态保护理念。

四、典型草地与草地退化

随着人们生活水平的提高，草地作为基本生产资料所提供的生产功能逐步下降，草地所承担的生态功能不断得到强化，草地具有的景观美学价值、草地所承载的文化传承功能等不断被发掘，成为草地生态利用的新方向。由于草地资源多分布在河源区、高原区、河流两岸等地，因此它承载着独特的生态服务功能。川西北草地全部被划入了三个少数民族自治州的生态保护红线区，其余各市的天然草地资源同样是生态红线保护区的重要组成部分。草地的生态服务功能不断被强化，草地的生产功能进一步弱化，草地所承载的文化休闲功能与草地藏族同胞传统文化、生活方式融合形成了新的休闲旅游载体。

（一）典型草地

1. 塔公草原

从字面而言，塔公草原的主体功能是风景名胜区，以提供旅游文化服务为主。塔公草原位于甘孜州康定市境内的新都桥镇，海拔3 730米、面积712.37平方公里，是甘孜州境内距离成都最近的大草原，是藏族同胞游牧生活的典型代表。塔公草原地势起伏和缓，草原广袤，水草丰茂，牛羊成群，帐篷点缀在广袤的草原上，形成了一道亮丽的风景线。雅拉神山，从草原拔地而起，巍峨壮观，终年银装披挂，群云缭绕，与广袤的绿色草原和金碧辉煌的塔公寺互相衬托，展示了一幅秀丽的高原风光。夏秋两季，草原山花烂漫、碧水悠悠，牛羊马群、帐篷和寺庙塔林相交织，呈现出绮丽斑斓的迷人风光。

2. 川西高寒草原

川西高寒草原以理塘、甘孜、新龙、白玉、巴塘草原为核心，面积约7万平方公里，是青藏高原的重要组成部分。草地平均海拔在3 800~4 500米，山原和丘状高原地貌发育充分、平坦宽阔，是大渡河、雅砻江和金沙江的河源区和水土保持区。地理与气候原因促成了这一方土地独特的景观和复杂的高原气候，"一山有四季、十里不同天"是它的真实写照。川西草原是我国传统的草原牧区，牦牛体形大、产奶多，草地上还盛产冬虫夏草、贝母等珍贵药材和人参果。鸟瞰川西草原，犹如一片绿色海洋，看不见裸露的黄土，是防止长江上游水土流失的绿色卫士。

3. 松潘草原

松潘草原是川西北草原的重要组成部分，草原因红色文化而闻名。松潘草原纵横300余公里，面积约1.52万平方公里，四周山地海拔在4 000多米，草原平均海拔3 400米左右，低矮的山头连绵起伏，草地树木稀少。松潘草原由于排水不良而形成大片的沼泽。水草盘根错节，结成片片草甸，覆盖于沼泽之上。草原气候恶劣，雨雪风暴来去无常。1934年至1935年，中国工农红军第一、二、四方面军先后通过这里（包括今天的松潘县、红原县、若尔盖县）。松潘县川主寺镇元宝山上建造了红军雪山草地长征纪念碑和长征纪念碑园，是松潘草原极为重要的红色文化景点。近年来，松潘草原经排水疏干，多开垦为农田，草地和沼泽面积已大为缩小，逐渐发展成少数民族的农耕区。松潘草原的红色文化资源丰富，有著名的毛尔盖会议地和沙窝会议地。松潘草原与比邻的黄龙世界自然遗产地、牟尼沟景区，共同筑起了松潘草原独特的旅游文化资源。

4. 若尔盖草原

若尔盖草原由若尔盖、阿坝、红原、壤塘等组成，是中国五大草原之一，面积为3.56万平方公里。若尔盖湿地是若尔盖草原的重要组成部分，也是我国三大湿地之一，已被列入国际重要湿地名录，黄河上游水量的30%来源于此，素有"地球之肾""中华水塔""黄河蓄水池"之称，担负着长江、黄河流域生态安全的重任。若尔盖湿地还是全国25个重点生态功能区之一。若尔盖草原水草丰美，原始生态环境保护良好，形成了山水秀丽、景色迷人的草原风光。若尔盖草原风景秀美，拥有花湖、壤口花海、红原大草原、黄河九曲第一湾等景点。

（二）草地生态退化

受制于各种因素影响和全球气候变化，草地生态也出现了一定的退化现象。典型的草地生态退化表现为，草地植物种类成分发生变化，原有的建群种、优势种消失，优质的豆科牧草和禾本科牧草减少，不可食植物滋生，有毒有害植物蔓延；草地沙化、黑土滩面积增加等，使草地植被盖度降低，草原生物多样性减少，等等。这一方面使当地居民失去了赖以生存的物质资料，另一方面也会引起土壤退化、水土流失、土地沙漠化、生物多样性丧失、固碳能力丧失等一系列环境问题。

1. 草地退化和沙化严重

草原退化主要表现为天然草原可食牧草比例下降、植被覆盖度降低、鼠虫害严重、毒杂草滋生、土壤裸露与板结化等，严重退化草原会逐渐演替为鼠荒地、沙化草原。据调查，全省严重退化草原面积17 600多万亩，占全省可利用草原面积的67%。阿坝州草地沙化土地面积达281万亩，占全省沙化土地的20%。"两化三害"[①]的草原面积达4 271万亩，占可利用草原的73.8%。大面积的沙趋地以每年11.8%的惊人速度向沙漠化过渡。

---

① "两化三害"是指沙化、荒漠化、虫害、侵害、毒杂草害。

2. 草地生物灾害不断发生

草地生物灾害是导致四川省草地生态失调的又一重要因素。伴随着草原的沙化、退化、生物多样性的减少，草原鼠、虫害从无到有、从轻到重，其发生频率及危害程度呈逐年增加的趋势。鼠虫害面积的不断扩大、毒害草的肆虐蔓延又反过来加剧了草地的退化、沙化。相关资料显示，2012年全省草原虫害危害草地面积达1 252.1万亩，严重危害面积达384.6万亩，当年造成鲜草损失约3.6亿公斤。灾害主要分布于甘孜州的石渠、理塘、甘孜、德格、乡城、稻城、巴塘、炉霍、道孚，阿坝州的金川、壤塘、若尔盖、红原、阿坝、松潘，凉山州的木里、盐源等县，害虫以西藏飞蝗、土蝗、草原毛虫、粘虫、金龟子等为主。全省草原毒害草危害面积达11 100多万亩，约占全省可利用草原面积的42%。

五、草地生态保护

草原既是牧民的基本生产资料，又具有维护生态的功能，是全省"四区八带多点"生态安全战略格局的重要组成部分。四川省十分重视草原生态的保护和建设，相继实施了以草定畜的人草畜三配套、草原生态保护奖励制度（分为一期和二期）、川西北草地沙化治理、基本草原保护等方案，提高草地植被盖度、降低草场载畜量、提高草地生产力，提升草地在生态屏障建设和绿化全川行动中的作用，维护长江和黄河上游生态安全。

（一）草原生态建设与保护奖励制度

退牧还草工程是四川在牧区大面积实施的草原生态保护工程，始于2003年并持续到2009年，以禁牧休牧、划区轮牧、舍饲圈养等为主要内容，使草原生态环境得到休养生息，草原植被盖度明显提高。2011年开始，四川省在禁牧基础上又开展了草畜平衡、生产资料补贴等为主的草原生态保护奖励机制。根据《四川省2011年草原生态保护补助奖励机制政策实施意见》，草原禁牧面积为7 000万亩，草畜平衡面积为14 200万亩，超载减畜量为500万个羊单位，人工种草牧草良种补贴860万亩，实施畜牧良种补贴肉牛45.5万头、牦牛0.3万头、羊0.6万只，落实45.2万户纯牧户生产资料综合补贴。其中，禁牧封育区为生存环境恶劣、生态脆弱、植被盖度在50%以下、鲜草产量在200公斤以下的具有特殊生态功能和退化严重的草原。禁牧区域以外的可利用草原实行草畜平衡管理。项目期为2011－2015年。新一轮草原生态奖励补助政策实施期为2016－2020年，草原禁牧补助面积7 000万亩（阿坝州2 000万亩，甘孜州4 500万亩，凉山州500万亩），草畜平衡奖励补助14 200万亩（阿坝州3 765万亩，甘孜州7 963万亩，凉山州2 472万亩），超载减畜103万个羊单位（阿坝州33万个羊单位、甘孜州70万个羊单位）。

（二）实施基本草原保护制度

为保护草地，四川省加快划定和保护基本草原，健全草原生态保护奖补机制。自2015年起，全省划定了21 325万亩基本草原，占全省草原总面积的86.7%。其中，牧民的重要放牧场有13 971.6万亩，割草地401.2万亩，人工草地2 592.8万亩，特殊作用草地3 327.6万亩，国家重点保护野生动植物生存环境草原917.4万亩，草原科研教学基地73.7万亩，其他草原40.7万亩，并相应地安装了永久性基本草原保护标识标牌。同时，四川省完善草场承包经营制度；开展草牧业试验试点，实施南方现代草地畜牧业推进行动，合理发展草食畜牧业；科学推进人工饲草地建设，加强退化草地人工改良，支持有条件的地方发展节水灌溉人工草地；支持高原藏区牧区与农区互动发展畜牧业，提高畜牧业发展水平。（见表3-3）

表3-3 四川省草地生态保护项目及补助政策

项目	项目内容描述
退牧还草工程	2003—2009年,涉及西部8省的蒙、川、滇、藏、青、甘、宁、疆等的1874个县(旗)90多万农牧户450多万农牧民。实行禁牧休牧、划区轮牧、舍饲圈养等,以县为单位确定禁牧和休牧的区域,以村为基本建设单位,集中连片形成规模。补助标准为:①禁牧、休牧划区轮牧,围栏建设补助每亩20 ~ 25元;②禁牧、休牧饲料粮补助为每亩每年2.75 ~ 5.5公斤,补助年限为5到10年(2004年折算为现金,按每公斤0.9元计算);③草场补播建设补助为每亩草种费10元。四川省、州、县、农牧民按1:1:2:2的比例进行配套
草原生态保护补助奖励	2011—2015年,对草原禁牧按照每亩6元标准(每公顷90元)进行补贴;草畜平衡奖励为每亩1.5元;实施生产性补贴政策(将肉牛、绵羊、牦牛、山羊等纳入补贴,人工草场每亩补贴10元,生产资料综合补贴为每户500元);对农牧民开展培训,促进牧区劳动力转移
草原生态保护补助奖励	2016—2020年,与第一轮(2011—2015年)相比,禁牧补助标准提高了1.5元/亩(达到7.5元/亩);草畜动态平衡每亩补助提高1.0元/亩(达到2.5元/亩)
川西北沙化治理	2008年启动,重点区域是阿坝州的若尔盖县、红原县、阿坝县、壤塘县,甘孜州的雅江县、甘孜县、新龙县、德格县、白玉县、石渠县、色达县、理塘县、稻城县,其余县市为一般治理区

(三)川西北草地沙化治理

川西北草地沙化是指甘孜、阿坝两州的草地沙化,呈斑块状和带状分布,但尚未形成大面积连片沙化。根据2015年四川省第五次荒漠化和沙化监测报告,川西北草地沙化面积79.7万公顷,占沙化土地总面积的92.3%。自2013年启动实施《川西藏区生态保护与建设规划》防沙治沙工程项目以来,川西北地区防沙治沙工作取得了阶段性成果,具体表现为:落实中央和省级财政投入资金10.84亿元,实施沙化土地治理及成果巩固120万亩。通过治理,区域土地沙化、草地退化和水土流失趋势得到遏制,农牧民生产生活环境得到改善；当地百姓对沙化土地治理重要性的认识得到增强，进一步提升了自觉保护生态的责任意识；畜草矛盾得到了缓解，农牧业产业结构得到优化提升，为藏区经济发展、社会稳定发挥了积极作用。下一步，四川省将牢固树立践行绿色发展理念，健全机制，多措并举，大力推进沙化土地治理，具体做法如下：加大沙化土地的治理力度，深入推进川西藏区生态治理与保护工程；健全项目投入和监管机制，建立多层次、多渠道、多形式的专项资金；建立完善草原、湿地生态补偿机制，提高沙区草原补偿和湿地保护补助标准；加大科技支撑保障，围绕防沙治沙的关键性技术难题取得技术突破；引导社会参与治沙，鼓励社会投资主体通过经营沙产业、培育治沙苗木、推广治沙技术等方式参与沙化治理，形成政府、社会协作治沙的良好格局。

（四）推广生物和生态治理技术

针对草原鼠虫害问题，四川积极推广生物和生态治理技术，通过生物和生态方式有效降低鼠虫害发生的频率，同时又不造成生态环境污染问题，有效缩减治理鼠虫害的成本。例如，在治理虫害方面可以采取的技术措施有沙虫真菌技术、天敌饲养繁殖技术及牧鸡减蝗技术等。采取相应的生物治理措施，一方面能有效地提高环境质量、降低草原退化情况，另一方面还能增加牧民的收益。政府通过对当地居民积极宣传和大力培训生物生态治理技术，使这些技术能被掌握和利用，有效地提高草原利用效率，促进草原生态的健康发展。同时，采取草原植被恢复等措施，遏制草原荒漠化趋势，提高草原植被盖度，逐步改善草原生态服务功能；采取设置围栏、草种播种和后期管护等综合措施，遏制草地退化趋势，逐步恢复提高退化草地生态服务功能；建设人工饲草料基地，配备暖棚、贮草棚、巷道圈等设施，提高草场生产能力，减轻天然草原承载压力，转变畜牧业生产方式，改善牧民生产条件，逐步实现畜牧业生产与生态保护建设的协调发展。

（五）落实草地承包责任制

草原承包不仅仅是进一步推进草原的科学化使用，为今后的生态环境的保护工作提供便利，更重要的是全面夯实草原生态补偿机制建立的基础条件。四川在稳定草原牧户使用权的基础上，落实草地承包到户的经营责任制，将所有草地长期承包到户，在此基础上实行草地有偿使用制度，树立"草地有主、放牧有界、使用有偿、建设有责"的新理念，调动农牧民保护和建设草原的积极性。同时，积极推行定载畜量、定出栏率、定使用费、定提留以及统一建设公共设施、统一改良畜种和开展防疫、统一抗灾保畜、统一进行技术指导和服务、统一管理公共积累的"四定五统一"措施，因地制宜地制定和实施草原保护与建设、草地利用等相关的规范、规程和标准。

总之，草地是四川省国土的主体和陆地生态系统的主要组成部分，是面积最大的绿色生态屏障，发展草业是维护四川生态安全的战略举措。发展草地畜牧业有利于增加畜产品供给，有效培肥农田地力，扩大农牧民就业，是建设现代农业、保障国家食物安全、增加农民收入的重要途径。草地生态系统提供的功能大多服务于人类，不是个人私有财产，而是属于社会的资本，具有典型的稀缺特征，是自然界赋予人类的物质财富。例如，草地生态系统具有固碳作用，能抑制全球气候异常变化，同时水源涵养、水土保持与生物多样性保育等有利于区域社会经济的可持续发展。

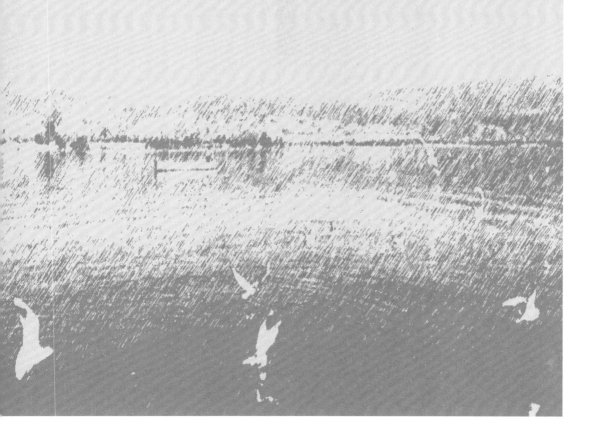

第 四 章

湿地生态

　　湿地，是"地球之肾"和"天然水库"，是最重要的自然生态系统之一，是自然生态空间的重要组成部分，在涵养水源、净化水质、蓄洪抗旱、调节气候和维护生物多样性等方面发挥着重要功能。湿地，也是四川省极为重要的战略资源。湿地生态保护是生态文明建设的重要内容，是事关全省生态安全的战略举措。湿地，连着上游与下游，连着自然与人类，关乎着经济社会可持续发展，关乎着子孙后代的生存福祉。

一、湿地概念

　　湿地与森林、海洋并称为全球三大生态系统，也是价值最高的生态系统。国际《湿地公约》对湿地的界定涵盖了沼泽、泥炭地、湿草甸、湖泊、河流、滞蓄洪区、河口三角洲、滩涂、水库、池塘、水稻田以及低潮时水深浅于6米的海域地带。湿地的价值体现在涵养水源、净化水质、调蓄洪水、控制土壤侵蚀、补充地下水、美化环境、调节气候、维持碳循环、保护海洋等方面。湿地是生物多样性的重要发源地之一，有"地球之肾""天然水库""天然物种库"等美誉，也是地球上生物多样性丰富、生产量很高的生态系统。有关权威研究数据显示，每公顷湿地每年创造的生态价值达1.4万美元之多，是农田生态价值的160倍，是热带雨林的7倍。湿地还是许多野生动植物赖以生存的基础，担当着维护生态平衡、保护生物多样性的特殊作用。但在全球经济快速发展和城市化进程中，湿地不断遭到各种形式的侵蚀和破坏，湿地呈现出面积持续下降、生物多样性减少等严峻形势，湿地生态功能退化、综合服务功能下降，进而影响人类的可持续发展。正如2006年"湿地日"的宣传口号——"湿地，攸关人类的生活；失去湿地，我们将无法生活"。

湿地是重要的自然生态系统，也是自然生态空间的重要组成部分。四川省是长江上游湿地资源最多的省（市）[①]，也是湿地类型最为丰富的省（市），涵盖了《湿地公约》界定的除浅海海域以外所有的湿地类型。四川若尔盖国家级自然保护区是第四批被列入《湿地公约》国际重要湿地名录的中国湿地，若尔盖草原湿地在全国主体功能区划中被确定为水源涵养型的国家重点生态功能区。目前，四川湿地面积有174.88万公顷之多，各种类型的湿地自然保护区达52个（其中，内陆湿地型自然保护区30个）、湿地公园55个（其中，国家级湿地公园29个，省级湿地公园26个）、国际重要湿地1个。从四川省第二次湿地调查[②]数据来看，甘孜州是全省天然湿地面积最多

---

① 长江上游四省（市）（重庆、四川、贵州、云南）湿地面积占各省市辖区面积的比重分别为2.51%、3.61%、1.19%和1.43%，对于维护长江上游生态屏障具有重要的战略地位。
② 调查对象：8公顷以上的湖泊、沼泽、人工湿地以及宽度在10米以上、长度在5000米以上的河流湿地。

区域的州①，广安市是全省人工湿地面积最大的市。从四川省的湿地分布来看，天然湿地主要集中在川西地区，以河流、滩涂、湖泊等为主，人工湿地主要分布在川东地区，以水库、沟渠、冬水田、堰塘等为主。从湿地面积占各市州辖区面积的比重来看，甘孜州和阿坝州是湿地资源最丰富的区域，两州的湿地面积占全省湿地面积的77.88%。其中，甘孜州湿地面积占其辖区面积的4.8%，阿坝州湿地面积占其辖区面积的7.6%。另外，遂宁市湿地面积占辖区面积比为2.93%（位列全省第3位），南充市湿地面积占辖区面积比为2.8%（位列全省第4位），凉山州湿地面积占辖区面积比为0.74%。

从湿地自然保护区数量来看，川西高原是湿地类自然保护区数量最多的区域，也是等级最高的湿地自然保护区。全省唯一的国际重要湿地为阿坝州境内的若尔盖湿地，是长江水系和黄河水系的分水岭和重要水源涵养地；全国高原城市天然湿地面积最大的地方是凉山州西昌市的邛海。长江干流、金沙江、岷江—大渡河、雅砻江、涪江、渠江、沱江、嘉陵江等均蕴含了极为发达的河流湿地生态系统。

二、湿地生态功能

四川湿地面积174.88万公顷，构成了全省"四区八带多点"生态安全战略格局的血脉，是四川绿色发展的生命之源，与8 000万四川人息息相关。无论是"四区"（若尔盖草原湿地、川滇森林及生物多样性、秦巴山生物多样性、大小凉山水土保持和生物多样性四大生态功能区）还是"八带"（八条生态保护带，即长江、金沙江、嘉陵江、岷江—大渡河、沱江、雅砻江、

---

① 甘孜州湿地生态系统面积大，州内有高寒沼泽及高寒草甸湿地、河沿及林沿湿地、湖泊湿地等三大类湿地，总面积达88.8万公顷，占甘孜州国土面积的5.8%；湿地植物23科549种，野生动物160余种，生物资源和水资源丰富。

涪江、渠江8大流域生态廊道及水土保持带），湿地生态都是基础生态系统；即使是多点（自然保护区），也离不开湿地生态的支撑。水是湿地生态的基本要件，离开了湿地的保护和支撑，也就失去了生命之源。

（一）湿地类型

通常情况下，湿地可分为河流湿地、湖泊湿地、沼泽湿地以及水库湿地。

1. 河流湿地

河流湿地是最基本的湿地类型，也是数量最多的湿地类型。河流湿地主要是指河流径流变化所形成的湿地类型，包括洪水泛滥淹没、河流径流变动所引起的河道水路交错区。河流湿地具有线状形态、物种丰富、上下游一体、湖泊河流连通等特点，通常由河道、自然堤、迂回扇、牛轭湖、曲流沙坝、沼泽或浅水湖、漫滩沼泽等部分组成。四川是"千河之省"，长江、金沙江、嘉陵江、岷江—大渡河、沱江、雅砻江、涪江、渠江等长江水系湿地生态系统独特、景观多样、物种多样性丰富，拥有驷马河流域湿地、鸭子河湿地、嘉陵江源湿地、西河湿地、诺水河湿地、西河湿地、射洪中华涪江湿地走廊、汉王山东河湿地等自然保护区；黄河干流、黑河、白河及其支流河流生态独特，有黄河九曲第一湾、月亮湾等独特的黄河湿地景观生态。

2. 湖泊湿地

湖泊湿地是极为重要的湿地类型，是在一定的历史和自然条件下形成的。湖泊通常分为永久性淡水湖、季节性淡水湖、永久性咸水湖、季节性咸水湖4种。四川有丰富的湖泊资源，大小湖泊有1000多个，其中大部分面积在1平方公里以下，总蓄水量达15亿立方米。全省比较著名的湖泊有邛海、泸沽湖、马湖、新路海、卡莎湖、海子山等。其中，邛海是最大的城市湿地，新路海、海子山、卡莎湖等是青藏高原高寒湖泊湿地，这些湿地均属于永久性淡水湖、高原淡水湖，大多分布在地球水塔的青藏高原和云贵高原。

链接：泸沽湖介绍

　　泸沽湖位于川、滇交界处，南北长9.4公里，东西宽5.2公里，面积56.6平方公里（含沼泽湿地5.8平方公里），最大水深93.5米，平均水深40.3米，湖水总容量 19.53×10^8 立方米，隶属四川省盐源县和云南省宁蒗县共同管辖，其中四川省盐源县管辖东部的29.6平方公里（含沼泽湿地5.8平方公里），云南省宁蒗县管辖西部的27.0平方公里。泸沽湖是黑颈鹤等水禽迁徙的重要停息取食地，是厚唇裂腹鱼、宁蒗裂腹鱼、小口裂腹鱼和波叶海菜花等动植物的产地。2000年被列入中国重要湿地名录。

3. 沼泽湿地

　　沼泽湿地是湿地的重要类型，包括沼泽和沼泽化草甸，具体可分为藓类沼泽（以藓类植物为主，盖度100%的泥炭沼泽）、草本沼泽（植被盖度大于30%，以草本植物为主的沼泽）、沼泽化草甸（高原地区具有寒冷性质的沼泽化草甸、冻原池塘、融雪形成的临时水域）、灌丛沼泽（以灌木为主的沼泽，植被盖度大于30%）、森林沼泽等。四川独特的自然地理条件孕育了极为发达的沼泽与沼泽化湿地，著名的沼泽湿地有若尔盖湿地、九寨沟沼泽、亿比措湿地、日干桥湿地等，它们是天然的巨大生物蓄水库。若尔盖湿地总面积达30万公顷，贮水量高达8.4亿立方米，以土壤水的形式贮存于泥炭层下的第四纪粉、粒状和砾质土壤之中，涵养长江和黄河的水源，对持续改善两河流域生态环境起着重要作用。[1]

---

[1]　张洪明，王玲. 四川湿地资源及其可持续性初探［J］. 林业资源管理，2000（4）：46–50.

4. 水库湿地

水库湿地是一种重要的人工湿地，是人类干预地球水循环而形成的，指在山沟或河口的峡口处建造拦河坝形成的人工湖泊。水库建成后，可发挥防洪、蓄水灌溉、供水、发电等作用。河流水库与河流相互贯通，浑然一体，很难严格区分出河流与水库的界限。四川水库数量多、分布广、功能综合，有各种水库2600余座，其中大中型水库130座（大型9座、中型121座），包括升钟湖、大桥水库、紫坪铺水库、汉源湖等，以及黑龙潭、槽渔滩、石象湖、龙泉湖、三岔湖等风景名胜区。始建于1958年的龙泉湖湿地，就是典型的水库湿地，库区水面积达5.51平方公里。成都北湖湿地公园则是建于2004年的人工湿地公园，面积541亩，依靠自然降水和灌溉用水补给，是集水文化、鸟文化、竹文化、客家文化于一体的人工生态湖泊公园。

（二）湿地的生态服务

湿地具有独特的生态功能，是"地球之肾""生命之源"，是水资源的源和库，是城乡饮用水之源地，是水生产品的供给地，是水上娱乐产业的载体。地跨四川盆地、青藏高原、横断山、云贵高原、秦巴山地等五大地貌单元的四川，有着"千河之省""千湖之省"的雅号，湿地生态价值独特。相关研究显示，2009年，四川湿地生态服务功能的总价值达7 483.03亿元人民币，相当于四川省当年GDP的52.88%；各项湿地生态功能价值中最高的是固碳释氧功能，价值达3 422亿元人民币，约占湿地生态服务价值的45.73%。[①]

1. 湿地是天然的物种基因库

湿地独特的生态环境为多种植物群落提供了基地，我国著名的杂交水稻所用的野生稻就来源于湿地。湿地是多种鱼类、虾类、贝类的生产繁殖

---

① 袁艺. 四川湿地生态服务功能价值评估［J］. 安徽农业科学，2011（4）：2177–2179.

基地，是多种水禽、野生动物的栖息地，是珍贵水生植物的生长基地。据调查，若尔盖沼泽地生长着121种沼泽植物和21种珍禽异兽。泸沽湖内生长着33种水生维管束植物，其中挺水植物11种、浮叶植物1种、漂浮植物2种、沉水植物9种，其水生植物种群数量是其他高原湖泊所罕见。西昌邛海的鱼类资源有20种，分属5目8科20属；鸟类资源有27种，分属7目8种，还生长着芦苇、交草、水葱、泽泻等23种水生植物。

2. 湿地是大自然馈赠的天然净化场

"地球之肾"的湿地，通过排出水中营养物质、阻截悬浮物质、降解有机物等来发挥净化作用。进入湿地生态系统的氮可以通过植物和微生物的聚集、沉积、脱氮等作用从水中被排除掉。水生植物吸收水域中氮、磷等营养物质，可吸附金属及一些有毒物质，连同植物体一起，堆积在沉积物中，达到使营养物质滞留较长时间的目的。湿地生态系统通过吸附、植物的吸收、沉降等作用阻截悬浮物而使水体得到改善，同时还可除掉细菌、病毒和重金属等，如1平方米芦苇可以吸收203公斤的氮。湿地的PH值偏低，有助于酸催化水解有机物，湿地的厌氧环境为某些有机污染的降解提供了可能。利用湿地生态系统净化水体已经在污染防治中得到广泛应用。

链接：成都市"活水公园"

成都市府河边的"活水公园"是人工湿地系统净水的典范，污染严重、水质为V类的府河水通过"厌氧池—水流雕塑—植物塘—养鱼池"的程序处理，可达到Ⅲ类水质标准，即利用植物塘种植的凤眼、莲、荷花、芦竹、茭白、浮萍等水生植物可有效去除水中的有害物质及细菌，从而达到水的自然净化。

3. 湿地是水文和气候的调节器

湿地生态系统通过强烈的蒸发和蒸腾作用，把大量水分送回大气，调节降水，使局部气温和湿度等气候条件得到改善。如二滩水电站，因水库蓄水量明显增加，总库容达到58亿立方米，每年蒸发量约有9 000立方米，对相对封闭的峡谷地区的干热河谷气候有一定改善作用。湿地具有削减洪峰、调节径流的功能，所以在防洪方面发挥了重要作用。1998年，四川省的江河、水库等湿地共拦蓄洪水110.4亿立方米，其中已建成的雅砻江二滩水电站拦蓄洪水13.2亿立方米，削减了长江洪水流量，减轻了长江中下游洪峰的压力。[①]

4. 湿地是文化娱乐和科考的载体

湿地是生态多样性的生态系统，具有观光、娱乐、休闲、科考等社会公益功能，是水上运动的重要载体之一，承载着民俗文化的传承和发展。许多湿地集自然保护、旅游景区、水上运动等为一体，是重要的旅游景点。例如，邛海、泸沽湖、彝海、黑龙滩、白龙湖、白水湖、朝阳湖、汉源湖、龙泉湖、北湖等湿地已是著名的风景名胜区。湿地也是重要的科考和科研基地，围绕若尔盖湿地的研究文献已达数百篇。同时，湿地也是科学研究的热点领域。

链接：湿地日主题

1996年3月，《湿地公约》常务委员会决定，从1997年起，将每年的2月2日定为"世界湿地日"，每年开展纪念活动并确定相应主题：

1997年主题：湿地是生命之源（Wetlands: A Source of Life）

1998年主题：水与湿地（Water for Wetlands, Wetlands for Water）

1999年主题：人与湿地，息息相关（People and Wetlands: the Vital Link）

2000年主题：珍惜我们共同的国际重要湿地（Celebrating Our Wetlands of International Importance）

---

① 张洪明，王玲. 四川湿地资源及其可持续性初探［J］. 林业资源管理，2000（4）：46–50.

2001年主题：湿地世界——有待探索的世界（Wetlands World-A World to Discover）

2002年主题：湿地：水、生命和文化（Wetlands: Water, Life and Culture）

2003年主题：没有湿地就没有水（No Wetland-No Water）

2004年主题：从高山之巅到大海之巅，湿地无处不在为我们服务（From the Mountains to the Sea, Wetlands at Work for Us）

2005年主题：湿地文化多样性和湿地多样性（Culture and Biological Diversities of Wetlands）

2006年主题：湿地是减贫的工具（Wetland as A Tool in Poverty Alleviation）

2007年主题：湿地与鱼类（Wetlands and Fisheries）

2008年主题：健康的湿地，健康的人类（Healthy Wetland, Healthy People）

2009年主题：从上游到下游，湿地连着你和我（Upstream-Downstream: Wetlands Connect Us All）

2010年主题：湿地、生物多样性与气候变化（Wetlands, Biodiversities and Climate Changes）

2011年主题：森林与水和湿地息息相关（Forest and Water and Wetland is Closely Linked）

2012年主题：湿地与旅游（Wetlands and Tourism）

2013年主题：湿地与水资源管理（Wetlands and Water Sources）

2014年主题：湿地与农业：共同成长的伙伴（Wetlands and Agriculture: Partner for Growth）

2015年主题：湿地：我们的未来（Wetlands: Our Future）

2016年主题：湿地关乎我们的未来：可持续的生计（Wetland for Our Future Sustainable Livelihood）

2017年主题：减少灾害风险（Wetlands and Disaster Risk Reduction）

三、湿地利用与保护

（一）湿地生态的利用

湿地是生命之源，人与湿地息息相关，从高山到平原，从城市到乡村，从上游到下游，从农业到森林，湿地都在为人类服务。人类从不同层面、不同视角利用、开发湿地，湿地也以它的独特魅力服务于人类社会。

1. 湿地是鱼类等水产品的生产地

湿地的生物生产力甚至超过最集约的农业系统。湿地持续地向人类提供泥炭、水生植物、鱼类水产等资源。湿地水产品的生产地，不断提供丰富人们餐桌的鱼类产品，例如，四川渔业产值从1990年的7.3亿元增加到2014年的192.35亿元，增加了26倍之多。除鱼类外，湿地还生产大量特色非鱼类水产品，如莼菜、莲藕、茭白、高笋等。

2. 湿地是取水用水饮水之源

湿地是取水用水饮水之源，为全省399.25万公顷耕地（其中有效灌溉面积266.86万公顷）、966.86万公顷播种面积供给灌溉用水，为工业服务业发展保驾护航，为8 140.2万常住人口提供饮用水。川西天然湿地造就了天府之国的成都平原，岷江上游为成都1 440余万常住人口提供水源保障，川东各类水库湿地是生产生活用水的基本保障。

3. 湿地为航运与发电提供服务

水是航运介质，湿地是水、电等清洁能源的利用介质。2015年四川省水电能源达到2 779.2亿千瓦小时（占全省能源生产量的86.05%，水电总量远超过全省电力消耗总量2 013.4亿千瓦小时）。另外，四川省内河航运里程有1.2万公里，客运量2 677万人，货运总量8 361万吨（仅次于公路，较铁路货运量还高）。四川省2005年至2016年水电占总电量的情况见表4–1。

表4-1 四川省总发电量中水电占比的变化

年度	总发电量（亿千瓦小时）	水电（亿千瓦小时）	水电占比（%）
2005	1 018.76	653.34	64.13
2008	1 235.78	835.51	67.61
2009	1 479.6	979.4	66.19
2010	1 703.9	1 139.8	66.89
2011	2 068.1	1 468.3	70.99
2012	2 130.2	1 545.6	72.56
2013	2 651.4	2 023.4	76.3
2014	3 079.5	2 493.3	80.96
2015	3 229.6	2 779.2	86.05

资料来源：《四川省统计年鉴（2005—2016）》。

4. 湿地是旅游休闲和水文化传承之地

湿地旅游休闲已经成为四川旅游产业的重要领域，都江堰清明放水已经成为一种传统文化符号，端午龙舟赛也是端午的符号与记忆。水与文化、水与节日、水与休闲、水与宗教、水与民俗、水与亲情等共存共荣。小镇因水而灵，四川的古镇古街均与水相连相通。城市的发展，也离不开湿地：邛海造就了西昌，西昌因邛海而美丽；泸沽湖、马湖、卡莎湖、木格措、新路海等湖泊湿地正在受到越来越多的游客的青睐。四川省有各类湿地公园44个，其中国家级湿地公园3个、国家级湿地公园试点22个、省级湿地公园19个，湿地已经成为四川极为重要的休闲娱乐载体。

（二）湿地生态保护

湿地是生命之源，保护湿地就是保护我们的生命之源，保护湿地也是为了更好地利用湿地。正如习近平总书记多次讲到的，我们既要金山银山也要绿水青山，绿水青山就是金山银山。在云南洱海考察时习近平总书记指出，一定要把洱海保护好，让"苍山不墨千秋画，洱海无弦万古琴"的自然美景永驻人间。王东明书记强调，巴山蜀水只有在绿色装点下才会更加美丽，应切实加强长江、金沙江等八大流域生态保护，实施水土流失治理工程，保护好城市生态水系。围绕湿地生态保护，四川从体制机制、政策制度、保护区建设等方面开展了对湿地生态的保护和修复。四川省2016年库湖综合营养状况见图4-1。

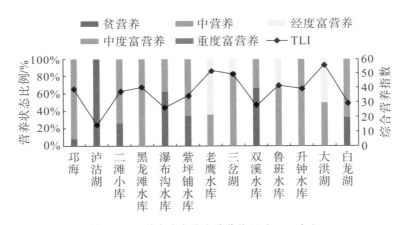

图 4-1　四川省库湖综合营养状况（2016 年）

1. 湿地保护制度不断完善

四川省在2010年10月1日实施了《四川省湿地保护条例》，条例明确界定了湿地概念和湿地资源，规定了设立湿地自然保护区的条件，对湿地的破坏行为进行了严格限制。西昌市对邛海湿地专门制定了《西昌市邛海湿地保护条例》。《四川省加快推进生态文明建设实施方案》提出全省湿地要有2 500万亩（166.67万公顷）以上的保有量，设定了数量上的目标，推动城市湿地公园以及八大流域生态保护和水土保持生态带建设，将湿地碳汇作为应对气候变化的着力点。《四川省生态文明体制改革实施方案》进一步强调建立湿地保护制度，要求划定并守住湿地生态红线，逐步恢复退化湿地，确保湿地不因人为破坏而面积减少、质量下降、功能退化；稳步扩大省级湿地生态补偿试点范围，探索建立省级湿地生态补偿制度；实施湿地分类管理，规范保护利用行为，建立湿地生态修复机制；将城镇规划区内湿地纳入城镇蓝线或绿线保护范围，规划建设城镇湿地公园。

　　链接：建立湿地自然保护区的条件和在湿地内禁止的活动

　　《四川省湿地保护条例》规定，具备下列条件之一的湿地，应当依法建立湿地自然保护区：（一）列入国际重要湿地、国家重要湿地、省重要湿地名录的；（二）湿地生态系统具有典型性和代表性的；（三）生物多样性丰富或者珍稀、濒危物种集中分布的；（四）国家和省重点保护鸟类的繁殖地、栖息地或者重要的迁徙停歇地；（五）对动物洄游、繁殖有典型或者重要意义的；（六）其他具有特殊保护意义、生态价值、经济价值或者科学文化价值的。

　　在湿地范围内禁止从事下列活动：（一）擅自围（开）垦、烧荒、填埋湿地；（二）擅自排放湿地蓄水、修建阻水或者排水设施；（三）破坏动物洄游通道或者野生动物栖息地；（四）擅自采砂、采石、采矿、挖塘、采集泥炭、揭取草皮；（五）擅自砍伐林木、采集野生植物、猎捕野生动物、捡拾鸟卵；（六）采用灭绝性方式捕捞鱼类及其他水生生物；（七）向湿地投放有毒有害物质、倾倒固体废弃物、擅自排放污水；（八）擅自向湿地引入外来物种；（九）破坏湿地保护设施设备；（十）其他破坏湿地的行为。

2. 湿地自然保护区建设

建立湿地自然保护区是保护湿地的重要策略之一。四川168个自然保护区（2015年年底）大体划分为森林生态、野生动物、内陆湿地、野生植物、古生物遗迹等5类，以森林生态类自然保护区为主。内陆湿地自然保护区是一个重要类型，四川全省有30个内陆湿地自然保护区并涵盖了从国家级到省市县级的4个等级类型。湿地保护不仅需要制度完善，更需要设立自然保护区，保护湿地生态环境和生物多样性，另外还要修复湿地生态、治理水土流失等。成都2015年就启动了"重建湿地守护生命之水"的湿地保护模式。

四、湿地生态问题

（一）湖泊沼泽湿地面临的挑战

四川天然湖泊大部分分布在人口稀少的川西高原和大小凉山地区，这些地方因旅游开发而使游客的数量持续增加，旅游及相关基础设施的建设对湖泊生态环境造成破坏，使湖面缩小、污染加剧。湖泊地处低洼地带，周围各种污染物可能会汇集到湖泊中而造成污染，游客增加和基础设施建设也可能加重湖泊污染。四川沼泽湿地主要分布在川西北高原山地，受自然和人为因素影响，沼泽退化、面积减少，沼泽湿地功能难以发挥。人类过度的干扰会导致沼泽湿地退化，水分减少，存在逆向演替的可能，严重地段出现沙化，结果使泥炭分解加快，湿地变成二氧化碳的排放源；自然因素中特别是气候变暖也可能造成沼泽水分蒸发加快，增加水分丧失，导致沼泽地退化程度加剧。相关学者的研究指出，近20多年来，若尔盖境内湖泊湿地已干涸了200多个，湿地面积萎缩超过60%，除热尔大坝的哈丘、错拉坚、花湖等湖泊以及黑河中游的沼泽化河漫滩外，其余几处大沼泽几乎无明显积水，大部分区域仅呈过湿状态，甚至干如旱地，人、畜均可通行。

（二）水库湿地面临的问题

水库湿地属于人工湿地，修建此类湿地具有明显的社会经济功能，如发电、提供生产生活用水、防洪等，但存在着泥沙淤积、水体污染等问题，以及发电与生态用水的矛盾，造成部分河道断流，滩涂面积减少。以岷江上游为例，密集的水电开发已造成局部河道断流，河床岩石裸露，河流湿地生态功能削弱。有些水库（湖）旅游开发过度，使得库（湖）水体污染，加上水库（湖）水产养殖引发的水体污染，造成水库（湖）生态功能下降。

（三）湿地保护面临着体制机制的制约

尽管湿地保护制度日渐完善，但湿地保护依然面临着保护力量不足、体制机制制约等问题。一方面，湿地自然保护区与湿地公园存在着交织，管理体制交叉削弱了湿地保护功能。例如，九寨沟是湿地同时也是风景名胜区，若尔盖湿地保护区与若尔盖花海湿地等同在一个区域，还有日干桥湿地、壤口花海、月亮湾景区等，都是因景区和保护区的叠加，游客数量的持续增加导致湿地退化，从而加重了湿地保护的压力。如今，以湿地为主要载体的旅游开发活动还在持续升温，尤其是沼泽湿地、天然湖泊及一些城市近郊的水库（湖），旅游开发热度不减，使湿地水体保护的压力不断增加。

（四）发展与保护的矛盾

湿地是重要的自然生态空间和自然生态系统，也是重要的生产生活资料和生态环境保护的基本要素，人类对水的需求（生产生活需求）加重了湿地保护的压力。以河流湿地为例，河流蕴藏着巨大的水能资源，但水电在全省发电量的比重又在不断提高，发电用水、灌溉用水、生态用水之间如何取舍一直困扰着管理者。另外，随着人口的增加、城镇化水平的提高，城镇生活

用水、生产用水、生态用水等矛盾叠加，湿地面积、湿地功能均面临挑战。而且各类基础设施建设力度不断加大，道路等基础设施占用河流水体的现象造成河流水体泥沙含量增高，可能引发水库淤积等问题。

（五）湿地保护意识与民众参与不足

人们对湿地的认识存在误区，将湿地简单理解为沼泽、滩涂、岸线等，对湿地生态功能缺乏清晰的了解和认识，视湿地为大自然的慷慨馈赠而无需保护。生活中，侵占湿地的现象时有发生，例如，房地产建设、道路建设等侵占河道湿地、湖泊湿地、库湖湿地，造成湿地水面缩小、滩涂永久性失水等问题。而民众对湿地保护缺乏必要的认识，缺乏参与热情，也在一定程度上助长了各种占用湿地的行为。

五、典型湿地现状

湿地滋养人类，人类也要保护湿地。人类活动既能破坏湿地，也可以保护和持续利用湿地。在认识和保护湿地的严峻性上，人类虽然走过了一条相对曲折的路，但是正在迈向正确的方向。

（一）若尔盖湿地

若尔盖湿地，从国家层面上看，为国家重点生态功能区的若尔盖高原湿地，包括红原、若尔盖和阿坝三县的全部，属于水源涵养型重点生态功能区。从区域构成上看，若尔盖湿地特指若尔盖国家级自然保护区，由若尔盖县境内的辖曼、唐克、嫩洼、红星、阿西、班佑乡以及5个国有牧场等组成。若尔盖湿地是我国第一大高原沼泽湿地，是世界上最大、保存最完好的高原泥炭沼泽湿地，也是青藏高原高寒湿地生态系统的典型代表，是黄河、长江两大河流重要的水源涵养地。黄河流经湿地后，径流量增加29%，枯水季节则增加45%。保护对象是黑颈鹤、白鹤等珍稀野生动物及高原沼泽湿地生态系统。

若尔盖湿地保护区面积166 570.6公顷，其中湿地面积22 953公顷，占保护区面积的13.78%。在湿地面积中，沼泽面积19 892公顷，湖泊面积1 233公顷，河流面积1 828公顷，分别占保护区面积的11.94%、0.074%和1.1%。

若尔盖湿地动植物资源丰富。湿地植物由蒿草属诸种形成的草甸或沼泽草甸，共有9个植物群落，分属35科109属；有高等植物196种，隶属108属34科。湿地有国家一级保护动物黑颈鹤、白鹤、黑鹳、金雕、玉带海鸥、白尾海雕、胡兀鹫等7种；国家二级保护动物大天鹅、小天鹅、灰鹤、草原雕、高山兀鹫、猎隼、蓝马鸡等16种；四川重点保护动物6种。

红原县的日干乔湿地既是省级内陆湿地类自然保护区，也是国家湿地公园，还属于若尔盖高原湿地生态功能区。日干乔湿地是红原大草原的明珠，面积约250万亩，曾是红二、四方面军左路纵队穿越草地北上的必经之路。因茫茫无际、渺无人烟，气候异常，被称为陆地上的"死亡之海"。2011年，国家投资3 045万元，启动实施了日干乔湿地生态恢复工程，恢复湿地近8万亩，建成了湿地公园。

从旅游景点的构成来看，若尔盖湿地涵盖了红原县、若尔盖县和阿坝县的自然人文景点。湿地民俗风情多姿多彩，宗教文化影响深远。在1935—1936年期间，举世闻名的红军两万五千里长征三次经过若尔盖湿地，留下了许多可歌可泣的动人故事和革命遗迹，是全国30条红色旅游精品线之一。其中，降扎温泉、花湖、黄河九曲第一湾、热尔大坝、郎木寺壤口花海、日干乔湿地、月亮湾等都是旅游景点，有些甚至是5A级风景名胜区。

（二）岷江上游河流湿地

岷江是长江上游水量最大的一条支流，发源于阿坝州松潘县西北岷山山脉中段朗架岭和弓杠岭，流经成都、眉山、乐山等地，于宜宾汇入长江。岷江流经阿坝州境内长341公里，流域面积2.3万平方公里，平均比降为8.2‰，出境流量452m³/s。岷江上游地区涵盖阿坝州松潘县大部分、黑水县全境、茂县大部分、理县全境、汶川全境，上游流域有大小支流147条，其中流域面积500平方公里以上的有17条，主要支流有黑水河、杂谷脑河、寿溪河、渔子溪河。

岷江上游山高坡陡，沟壑纵横，有着独特的垂直气候，植被类型复杂，生物多样性丰富，沿江特色农业发展较好。岷江是成都平原的母亲河、生命河，上游地区的森林、灌丛、草甸构成了"天府之国"的生态屏障，几千年来支撑和润泽着成都平原的繁荣与发展。可以说，没有岷江上游就没有天府之国的成都平原。岷江上游河流湿地是四川湿地的一个缩影，分布着天然湖泊、沼泽、库湖（水库）、河源等湿地类型。

1. 岷江源湿地

岷江源湿地位于松潘县水晶乡寒盼村境内，距离松潘县城47公里，距离九寨沟县95公里，总面积1 135.6公顷，其中湿地面积931.3公顷（永久性河流湿地19.2公顷，洪泛湿地82.2公顷，灌丛沼泽664.4公顷，沼泽化草甸165.5公顷），是以岷江源头的雪山冰川、森林和草甸来水为主形成的小河沟（葫芦沟）注入公园而形成的湿地，属于湿地、雪山、草甸、森林、灌丛等多类型的河源保护区，生态系统完整，是鸟类、淡水鱼类、爬行类、两栖类以及水生植物的聚集地。湿地泥潭资源、水资源、盐矿资源和药材资源等非常丰富。

2. 叠溪海子湿地

叠溪海子湿地位于茂县叠溪镇境内，是典型的地震堰塞湖，同时也是中国最大的地震堰塞湖。1933年8月25日，叠溪镇发生7.5级大地震，山崩城陷，岷江断流，积水成湖，在岷江及其支流松坪沟内形成大海子、小海子、鱼儿寨海子、公棚海子、上（下）水磨沟海子、上（下）台腊寨海子等8个堰塞湖，积水面积5 695亩。其中，岷江正流与松坪沟交汇处形成的大小海子为茂县最大的湖泊，最宽处692米、深80米、长10余公里，水面宽4 725亩。[①]叠溪海子是四川省级风景名胜区，景区面积30平方公里，各种野生动植物资源丰富，有植物类资源184科547种，还有各类动物物种31科90多种。叠溪海子还是世界上保存最完美的地震遗迹景观之一，在国内外地球科学界享有极高知名度，有极高的科学价值。

3. 紫坪铺水库

紫坪铺水库位于汶川境内，是以灌溉、供水为主，结合发电、防洪、旅游等为一体的大型综合利用水利枢纽工程，于2001年3月29日动工兴建，2006年完工。库区湖面11平方公里，水库正常蓄水位877米，死水位817米，设计洪水位871.1米（P=0.1%），核定洪水位883.1米，最大坝高156米。在核定洪水位下，总库容11.12亿立方米，其中正常蓄水以下库容9.98亿立方米，正常蓄水位至汛期限制水位之间库容4.27亿立方米，死库容2.24亿立方米。水库的主要功能之一是确保成都城市供水，使成都的防洪能力从十年一遇提高到百年一遇。紫坪铺风景区则是依托紫坪铺水库而发展起来的新型风景名胜区，以山水游玩为核心，包括库区观景台、茶马驿站等景点。

上述三类湿地仅仅是岷江干流的代表性湿地资源，岷江干支流、支流等还是水电资源开发最为密集的区域，分布着各种类型的水电性水库，对河流

---

① 地方志编纂委员会. 茂汶羌族自治县志. ［M］. 成都：四川辞书出版社，1997.

湿地生态系统产生了重要而深远的影响。

（三）西昌邛海湿地

邛海是四川省第二大淡水湖，也是全国最大的城市湿地生态系统，具有多项生态服务功能。邛海古称邛池，属于更新世早期断陷湖，距今有180多万年的历史。邛海形状如蜗牛，南北长11.5公里、东西宽5.5公里，水域面积有31平方公里，湖水平均深度为14米，最深处34米，是邛海—螺髻山国家级风景名胜区的重要组成部分。（邛海湿地风光见图4-2）

邛海湿地在行政地域上包括西昌市的高枧乡、川兴镇、大兴乡、海南乡的全部地区以及大箐乡大部分地区和西郊乡部分地区，昭觉县的玛增依乌乡的全部地区和普诗乡大部地区，以及喜德县的东河乡部分地区。邛海是国家级风景名胜区、国家湿地公园和饮用水水源地，是兼具饮用、调节气候、保持水土、生态观光、水量调节功能的高原淡水湖泊。

西昌邛海从2010年开始进行生态保护与修复，通过退塘还湖、退田还湖、退房还湖等"三退三还"湿地恢复工程，对浅滩清淤疏浚，扩大邛海水域面积。在一、二、三期湿地恢复工程完成后，邛海水域面积从不足27平方公里增加到31平方公里，为邛海构筑起一个立体的生态保护屏障。

为保护邛海，凉山州1997年就制定了《凉山彝族自治州邛海湿地保护条例》，2015年再次修订了《凉山彝族自治州邛海湿地保护条例》，对邛海流域307.67平方公里实施保护。其中，西昌市220.42平方公里，包括高枧乡、川兴镇、大兴乡、海南乡的全部地区，大箐乡大部分地区，西郊乡部分地区；昭觉县73.70平方公里，包括玛增依乌乡的全部地区，普诗乡大部分地区；喜德县13.55平方公里，包括东河乡的部分地区。将邛海流域保护工作纳入国民经济和社会发展规划，保护经费列入财政预算。

图 4-2　西昌邛海湿地风光

第 五 章

河流生态

四川生态读本

河流健康，关乎民众福祉，关乎经济社会长远发展。水清、岸绿、河畅、景美，既是河流生态健康的表现，更是美丽四川的标志。把修复长江上游生态环境摆在压倒性位置，河流生态保护是核心；筑牢长江上游生态屏障，河流生态健康是关键；建设水清地绿的绿色生态廊道，离不开河流生态廊道的支撑。千河之省的四川，更需要关注河流生态；建设美丽四川，离不开河流生态美景。

一、河流与河流生态

（一）河流

河流，被誉为地球的动脉，是地球陆地表面因流水作用而形成的典型的地貌类型。河流汇集和吸纳地表径流并连通内陆和大海，是自然界能量流动和物质循环的一个重要途径。四川拥有非常丰富的河流资源，大小河流有1 400多条，有"千河之省"的美誉。其中，流域面积在500平方公里以上的河流有343条，表5-1是四川省主要江河的基本概况。四川境内河流年均径流量在3 000亿立方米，居全国之冠。四川省境内95%以上的水系属于长江水系，长江横贯全省，是长江上游最重要的水源涵养区。四川也是黄河上游的重要水源涵养区，黄河上游的一级支流黑河、白河位于四川境内。四川省主要江河情况见表5-1。

表5-1　四川省主要江河基本概况^①

水系	河流	流域面积（平方公里）	长度（公里）	多年平均流量（立方米/秒）	多年平均径流量（亿立方米）
长江	金沙江	498 453	2 293	4 655	2 468.04
	雅砻江	128 444	1 535	1 636	515.79
	安宁河	111 150	303	231	72.85
	大渡河	90 700	1 155	1 570	495.12
	青衣江	13 793	289	543	171.12
	岷江	135 840	735	2 741	864.28
黄河	沱江	27 840	702	454	143.17
	涪江	36 400	679	550	173.45
	嘉陵江	160 000	1 120	2 166	682.94
	渠江	39 220	666	694	218.86
	长江干流	1800 000	6 397	29 227	9 217
	赤水河	20 440	460	309	97.45
	白河和黑河	16 960	165	150	47.48

---

① 林凌. 重塑四川经济地理［M］. 北京：社会科学文献出版社，2015.

（二）河流生态

河流生态也称为流水生态，水流不停、陆—水交换、氧气丰富是河流生态的三大基本特征。河流的生态系统包括河源，河源至大海之间的河道、河岸地区，河道、河岸和洪泛区中有关的地下水、湿地、河口以及其他淡水流入的近岸环境。河床是水的载体，河流储存了巨大的能量。河流生态是一个动态的、开放的、连续的系统，是从源头开始，流经上游和下游，最后到达河口的连续整体，它不仅包括地理空间上的连续，还包括生物过程及非生物环境的连续。河流下游的生态环境同河源区和河流上游则密切相关。

河流是自然界信息流和物种流的通道。河流通过水位的消涨、流速以及水温的变化，为诸多的鱼类、底栖动物、藻类等生物传递着生命节律的信号。在汛期，当洪水侧向漫溢到河漫滩、水塘和湿地时，一些鱼类离开河流主槽游到河滩、河汊及湿地寻找避难所或产卵地。当水位消落时，鱼类又回到河流主槽。鱼类的这些生命活动是对水位变化的一种响应。河流既是植物种子通过漂流传播扩散的通道，也是洄游鱼类完成其整个生命周期的通道。

河流生态在纵向上呈现出三个特点：①上中下游生态环境的异质性。河流大多发源于高山，流经丘陵，穿过冲积平原而到达河口。上中下游流经的地区在气候、水文、地貌和地质等方面均呈现多样化特点，形成了不同的主流、支流、河湾、沼泽，造就了丰富多样的生态环境。②河流蜿蜒曲折的特征。自然界的河流蜿蜒曲折，形成了急流、瀑布、跌水、缓流等生态环境，孕育了丰富的生物多样性。③河流断面形状的多样性。河流断面浅滩、深潭交替出现，浅滩增加了水流的紊动，促进河流河水充氧，是很多水生动物的栖息地和觅食场所；深潭是鱼类的保护区，也是被缓慢释放到河流中的有机物的储存区。

从横向上看，河流大多由河道、洪泛区、高地边缘过渡地带组成。河道是河流的主体，是汇集和接纳地表和地下径流的场所，是连通内陆和大海的通道。洪泛区是河流两侧受洪水的影响，被周期性淹没而呈现高度变化的区域，包括河流滩地、浅水湖泊和湿地等。洪泛区可拦蓄洪水及相关流域产生的泥沙，吸收并逐渐释放洪水，是鸟类、两栖动物和昆虫的重要栖息地。湿地滩涂生长着各种湿生植物、水生植物，这类植物可降解径流中污染物的含量，可截留或吸收径流中的有机物，扮演着过滤和屏障的角色。高地边缘过渡地带是洪泛区和周围景观的过渡地带，种植的农作物和河岸栽种的树木共同形成了岸边植被带。河道及附属的浅水湖泊，是各种挺水植物、漂浮植物、沉水植物、浮游植物的生长地，也是浮游动物和鱼类的栖息地。

二、河流生态服务

河流生态的服务功能具有多功能性特征，具有淡水供应、提供能源与运输、物质产品的生产、维持水生物种多样性、提供生态支持、环境净化、灾害调节、文化娱乐等多方面功能。[①]

（一）淡水供应

水是生命的源泉，是人类生存和发展的宝贵资源。河流是淡水贮存和保留的重要场所。河流淡水是人类生存所需饮用淡水的主要来源，是其他动物（家禽家畜、野生动物）的饮用水，陆地上所有植物也都离不开淡水。健康的河流生态为人类饮用水、农业灌溉用水、工业用水以及城市生态环境用水提供保障。保护河流生态就是保护我们的生命之源。

---

① 栾建国，陈文祥. 河流生态系统的典型特征和服务功能［J］. 人民长江，2004（9）：41–43.

（二）提供能源与运输

水能是最清洁的能源。河流因地形地貌的落差产生水能，人们可以充分利用并储蓄丰富的势能。水电就是这种势能的典型转化形式，同时也是极为重要的清洁能源。四川水电能占全省能源生产量的80.9%。水运也是四川极为重要的运输手段，横贯全省的长江是水路运输的干线，并与岷江、金沙江等支线沟通，形成了一个天然的水路运输网络。金沙江段、长江段、沱江和嘉陵江水系水域，均为重要的内河航道。其中，金沙江新市镇以下河段，岷江乐山以下河段，嘉陵江阆中以下河段常年可通轮船，泸州、乐山、宜宾是水路干道上的重要城市。2016年，四川省水路货运周转量达到222.7亿吨公里，客运周转量达到2.4亿人公里。

（三）物质生产

生态系统最显著的特征之一就是生产力。河流生态系统中的自养生物通过光合作用，将二氧化碳、水和无机盐等合成为有机物质，并把太阳能转变为化学能贮存在有机物质中，而厌氧生物对初级生产的物质进行取食加工和再生产从而形成次级生产。河流生态还为人类提供了许多生活必需品、原材料以及饲料等，提供了各种优质碳水化合物和蛋白质（河鲜就是其中一种）。2015年，四川水产品生产量达138.68万吨，居全国第9位，西部第2位。

（四）维持水生物种的多样性

生物多样性是生态系统生产和生态服务的基础和源泉。河流生态系统中的洪泛区、湿地及河道等多种多样的生活环境不仅为各类生物物种提供繁衍生息的场所，还为生物进化及生物多样性的产生与形成提供了场所，同时还为天然优良物种的种质保护及其经济性状的改良提供了基因库。

（五）提供生态支持

河流提供的生态支持表现为调节水文循环、调节气候、形成土壤、涵养水源等。河流生态系统是由陆地—水体、水体—气体共同组成的相对开放的生态系统。洪泛区有囤蓄洪水的能力和拦蓄泥沙的作用。两岸陆地的树木森林等植物通过拦蓄降水而涵养水源。河道岸线植物可控制土壤侵蚀，减少河流泥沙，保持土壤肥沃，发挥水土保持等作用。河流与大气大面积接触，通过降雨—水汽蒸发—蒸腾作用使水份又回到天空，可对气温、云量和降雨进行调节，并在一定程度上影响气候。因而，一个完善的河流生态，具有较好的蓄洪、涵养水源、调节气候、补给地下水等作用。

（六）环境净化

河流生态在一定程度上通过自然稀释、扩散、氧化等一系列物理和生物化学反应来净化由径流带入河流的污染物。河流生态系统中的植物、藻类、微生物能够吸附水中的悬浮颗粒以及有机的或无机的化合物等营养物质，将水域中氮、磷等营养物质有选择地吸收、分解、同化或排出。水生动物可以对活的或死的有机体进行机械的或生物化学的切割和分解，然后把这些物质加以吸收、加工、利用或排出。一些有毒有害物质经过生物的吸收和降解而得以消除或减少，河流水质因此而得到保护和改善。

（七）灾害调节

健康的河流生态可以防止洪涝、干旱、泥沙淤积、水土流失、环境负荷超载等灾害。河道具有纳洪、行洪、排水、输沙等功能，在洪涝季节通过洪泛区蓄洪和减缓水流速，缓解洪水对陆地带来的袭击；在干旱季节，河水可为农田提供灌溉服务；在枯水期，地下水可对河川径流进行补给。河流湿地在区域性水循环中起着重要的调节和缓冲作用，具有蓄洪防旱、调节气候、促淤造陆、控制土壤侵蚀和降解环境污染等作用。因此，河流生态对多种自然灾害和生态灾害都有较好的调节作用。

（八）休闲娱乐功能

河流生态景观独特，具有很好的休闲娱乐功能。纵向上，河流上游森林、草地景观和下游湖滩、湿地景观相结合，景观多样性明显；横向上，高地—河岸—河面—水体镶嵌格局使其景观特异性显著，且流水与河岸、鱼鸟与林草的动与静对照呼应，构成河流景观的和谐与统一。河谷急流、弯道险滩、沿岸柳摆、鱼翔浅底等景致，给人们带来视觉享受和精神上的美感冲击。

（九）文化孕育功能

河流生态深刻地影响着人类的审美倾向、艺术创造、感性和理性认知，各地独特的生态环境在漫长的文化发展过程中塑造了多姿多彩的民风民俗和多样化的性格特征，从而孕育出不同的道德信仰、地域文化。黄河文明曾经是华夏文明的摇篮，是中华民族的母亲河。岷江流域是天府之国的核心，孕泽了成都平原，奠定了成都平原农耕文明的基础。因而，河流生态的文化孕育功能对人类社会的生存发展具有重要的作用。

三、典型河流生态

（一）长江干流（四川段）

长江干流（四川段）是指岷江入长江口到长江出川这段河道，在行政区域上位于宜宾和泸州境内的干流区域，泸州、宜宾两个城市就坐落在长江干流沿岸，沿岸还有江安、南溪、合江、纳溪四个县城，长宁、筠连、高县、珙县、兴文、叙永、古蔺等地也属于长江干流水系地域内。长江干流（四川段）流域为四川省极为重要的食品饮料、重化工业等产业发展基地，是长江柑橘带的主产区，五粮液、泸州老窖、郎酒等全国名酒均产自此区域。长江干流（四川段）生态环境独特，分布有长江上游珍稀特有的国家级鱼类自然保护区，宜宾、泸州两市便是该保护区的核心区域，是白鲟、胭脂鱼等长江上游珍稀特有鱼类产卵场、越冬场、洄游通道以及河流生境。此段还分布有濑溪河翘嘴鲌蒙古鲌国家级水产种质资源保护区和龙溪河省级水产种质资源保护区。但长江干流水系（四川段）部分区域存在石漠化现象，宜宾、泸州等也是石漠化生态治理工程的重点区。

（二）金沙江

长江在宜宾以上称为金沙江，因江中沙土呈黄色而得名。金沙江流经青、藏、川、滇四省（区），河道长2 293千米（其中四川省内106千米），流域面积49.8万平方公里。金沙江在石渠县真达乡入四川境，流经白玉、巴塘、德格、得荣、乡城、稻城、木里县、会理、会东、雷波、普格、昭觉、布拖、金阳、宁南、美姑、攀枝花、屏山、宜宾县等地，在行政区域上涉及甘孜、凉山、攀枝花、宜宾等地，在地貌上涉及青藏高原、横断山、云贵高原、盆周山区和四川盆地等四大地貌单元，水能资源丰富、气候条件独特、生物多样性和生态系统独特，是长江独特生态系统的典型代表。金沙江上游，以高山高原草甸、高山灌丛及亚高山针叶林为主，生活有白唇鹿、马麝、藏马鸡等珍稀野生动物；金沙江下游干热河谷区，以中山峡谷为主，生态脆弱，水土流失敏感性程度高，是四川省乃至全国水土保持的极重要区域。

（三）岷江—大渡河

岷江，又称"汶江""都江"，是长江上游重要支流。岷江发源于岷山南麓的弓杠岭，流经松潘、茂县、黑水、汶川等在都江堰出峡谷，在乐山接纳大渡河，到宜宾汇入长江。全长735千米，流域面积13.58万平方公里。岷江分东西两条干流，西边是大渡河，东边是岷江。两条干流流经的上游地区（松潘、茂县、马尔康、丹巴、康定、泸定、石棉等）均为四川的少雨中心（年均降雨量小于800毫米），两条干流的中上游则穿越了川西雨屏区。大渡河下游的铜街子、马边、沐川一带是四川的次多雨区。黑水河、杂谷脑河是岷江上游的一级支流。岷江水系大小支流90多条，大渡河是岷江最大的支流，干流长1 155千米，流域面积9.07万平方公里。青衣江为岷江的二级支流、大渡河的一级支流，干流长289千米，流域面积13.79万平方公里。大渡河为高山峡谷型河流，地势险峻、水流汹涌，以金口河大峡谷最负盛名。

岷江—大渡河流域生态环境复杂，为横断山腹心地带，也是全球生物多样性热点地区之一，分布着大量高品位的自然保护区与世界自然文化遗产地，有青城山—都江堰世界文化遗产地、大熊猫世界自然遗产地、黄龙世界自然遗产地以及大熊猫国家公园四川园试点区等，还有一批国家级的自然保护区，如卧龙自然保护区、黄龙自然保护区等。岷江—大渡河也是四川自然生态脆弱区之一，地震、泥石流等地灾和自然灾害多发，21世纪发生的三次大地震（2008年"5·12"汶川特大地震、2013年"4·20"芦山大地震以及2017年"8·8"九寨沟地震）均发生在这个区域。这个区域也是四川省生态红线保护区的重点区域，大渡河水源涵养红线区面积达到1.8万平方公里，岷山生物多样性保护—水源涵养红线区面积达到2.6万平方公里。岷江—大渡河流域面临着干旱河谷荒漠化、地震等自然灾害毁损等影响。

（四）雅砻江

雅砻江是金沙江最大的一级支流，发源于青海省巴颜喀拉山南麓，从石渠进入四川，在攀枝花市注入金沙江，河流呈狭长形，是典型的高山峡谷型。流域面积约12.8万平方公里，涉及青海与四川两省，其中91.5%的流域面积在四川境内。雅砻江干流全长1 535千米，支流呈树枝状均匀分布于干流两岸，流域面积在10 000平方公里以上的有鲜水河、理塘河和安宁河。鲜水河是雅砻江左岸支流，发源于青海省达日县巴颜喀喇山南麓，流入色达县境，在炉霍与南源达曲汇合后称鲜水河。它再向南流经道孚县至雅江县以北27公里的两河口处汇入雅砻江，河长541千米。理塘河发源于理塘县沙鲁里山夏塞雪山垭口，流经木里县（在木里县境内称为木里河），在洼里以南注入雅砻江。安宁河，凉山州的母亲河，是雅砻江下游左岸最大的支流，河长303千米，流域面积11 150平方公里。安宁河发源于冕宁县东小相岭记牌山，流经凉山州的冕宁、西昌、德昌三县市后，进入攀枝花市境内，在米易县的得石镇汇入雅砻江。安宁河流域是凉山州最富庶的区域，人口密度大、城镇数量多。雅砻江流域是四川森林资源富集区，也是全国十二大水电基地之一。雅砻江上中游人口稀少，是四川的主要林区、牧区和少数民族地区；下游人口集中，工农业相对发达且水电资源开发程度较高。雅砻江源是四川省生态保护红线的重要区块，雅砻江源水源涵养红线区面积达4.0万平方公里，占四川生态保护空间总面积的20.5%，以保护好高寒湿地生态系统和维护水源涵养功能为主。

（五）沱江

沱江又名"外江""中江"，是长江上游的一级支流，流域全部在四川境内，是人口最密集、农业开发强度较高的流域。沱江有三源：左源是绵远河，发源于茂县九顶山南麓，为主源，河长180千米；中源为石亭江，河长141千米；右源是湔江，河长139千米。三源在金堂县赵镇汇合后称沱江，再经过资阳、内江，到泸州注入长江。沱江干流全长702千米，流域面积2.78万平方公里。沱江水系的典型特征是进入盆地后与岷江水系交织成网，成都平原就是岷江与沱江形成的冲积扇。沱江在金堂切开龙泉山，形成峡谷段，而后流入丘陵区，水流缓急交替、蜿蜒曲折、滩涂相间、干流深切、曲流发育，水网结构为树枝状。沱江流域土地肥沃，雨量充沛，气候温和，农业生产发达。沱江流域人口密度大，城镇密集，生产生活用水量大，水环境压力大。据监测，2016年，沱江劣Ⅴ类水占22.2%，是四川五大水系中水质最差的。沱江流域生态治理以水环境治理为主，特别是农业面源污染、城镇生活污水治理、农村生活污水治理等。

（六）嘉陵江

嘉陵江，古称"阆水""渝水"。发源于陕西省凤县秦岭南麓，河流从陕西省阳平关流入四川境内，穿行于大巴山至广元市昭华纳入白龙江，南流经南充，在合川先后与涪江、渠江汇合，到重庆注入长江。嘉陵江干流全长1 120千米，干流流域面积3.92万平方公里，干流流经的行政单元有广元市的朝天区、市中区、元坝区和苍溪，南充市的阆中、南部、仪陇、蓬安、高坪区、嘉陵区、顺庆区和武胜县等。涪江，为嘉陵江右岸最大的一级支流，发源于松潘与九寨沟之间的岷山主峰雪宝顶，全长679千米，流域面积3.64万平方公里，流经平武县、江油市南部、绵阳市、三台县、射洪县和遂宁市等区域，在重庆合川汇入嘉陵江。涪江是四川盆地东部重要河流之一，也是人口密度比较大、城镇发育水平较高的流域，著名的沱牌舍得酒业就出自涪江流域的射洪县。涪江斜穿盆地腹地，上游处于盆地北深丘—低山—高山的过渡地带，易发生地质灾害及生态退化。渠江，嘉陵江左岸最大的支流，发源于米仓山，全长666千米，流域面积3.92万平方公里，在流经南江、巴中、平昌、达州、渠县、广安和岳池等后在重庆合川注入嘉陵江。渠江在渠县三汇镇以上分为巴河和州河两大水系，在三汇镇汇合后称为渠江。渠江流域上游植被非常好，南江县等森林覆盖率达70%以上，而下游植被则相对较差。嘉陵江是长江上游支流中流域面积最大的一级支流，其最大特色是曲流发育，有"九曲回肠"之说。

（七）黄河水系（四川段）

黄河水系（四川段）在四川主要由黑河、白河两条组成。黑河，发源于红原与松潘两县交界岷山西麓的洞亚恰，由东南流向西北，经若尔盖县，于甘肃省玛曲县汇入黄河，河道长456千米，流域面积7 608平方公里，是一条天然河道。白河，发源于红原县查勒肯，自南而北，流经红原县，至若尔盖县的唐克镇附近汇入黄河，河道长270千米，流域面积5 488平方公里，干流均为土质河床。黑河与白河河面高程都在海拔3 400米以上，年平均气温只有0.7℃~1.1℃，极端最低气温–33.7℃，呈现出"冬长、夏无、春秋短"的气候特点。两大流域沼泽遍布，湖泊众多。较大的沼泽地有喀哈尔乔、乔雷乔、乔迪公玛、黑青乔、鄂列格纳和日干乔等，较大湖泊有哈丘、措拉坚、莫乌错尔格、花海等。据调查，黄河上游水系湖沼面积共4 322平方公里，其中白河流域1 020平方公里，黑河流域3 302 平方公里，分别占两河流域总面积的18.6%和43.4%。这些沼泽地区，河道平缓，排泄不畅，底层又为粘性土质，渗透性差，土壤经常处于饱和状态，而且日照强烈，植物生长繁茂，有利于泥炭、沼泽发育，是中国最大的沼泽地，也是世界上海拔最高、面积最大的泥炭沼泽。泥炭层厚达十几米以上，储量19.1亿吨。泥炭不仅是一种能源，而且可以作为良好的有机肥料，还可以用于提炼稀有金属和化工原料。黄河水系（四川段）全部为国家级重点生态功能区——若尔盖高原湿地水源涵养生态功能区。

四、河流生态问题与保护管理

（一）河流生态面临的主要问题

随着社会进步、经济发展、民众生活水平的提升，人类对水的需求量大量增加，用水总量在持续增加，人均水资源占有量却在持续下降。目前，有部分河流因用水过度而面临断流或枯竭；有部分河流因大量污染物的排入而造成水质下降；部分河岸植被出现荒漠化、沙化以及石漠化等退化现象；部分河流因水电开发过度而造成河道断流等现象，导致河流生态服务功能不同程度受到影响。2016年四川省环境状况公报显示，长江干流（四川段）、黄河干流（四川段）、金沙江水系达到或好于Ⅲ类水质比例为100%；嘉陵江、岷江和沱江水系达到或好于Ⅲ类水质的比例分别为85.4%、61.5%和11.1%。但岷江中下游、沱江流域单位面积主要污染物排放量是全省平均水平的3倍以上；沱江流域劣V类水质断面比例超过22%；矿产、水电、旅游等资源开发在部分区域存在占用河流生态空间现象。另外，重点小流域达标率低、总磷污染物凸显，城市建城区黑臭水体问题突出，乡镇饮用水源水质不容乐观，农村环境污染问题突出。

（二）河流生态保护

保护河流生态就是保护生命之源，保护河流就是筑牢长江上游生态屏障。"千河之省"的四川，从上到下都特别重视河流的生态保护，关停了部分小水电站，禁止在中小河流新建水坝，对存量水电站实施技术改造并留足河流生态水流量，确保河流生态安全和健康，在岷江、沱江和嘉陵江重点污染河流实施流域综合整治，对24条污染严重的小流域实施综合治理，对99条城市黑水体进行改造整治，提高城市河流水体的

生态功能。据监测，截至2017年5月底，四川省地表水水质优良断面比例为72.4%，同比上升1.1%；地表水劣Ⅴ类水体比例为4.6%，同比下降2.3%。

1. 设立河流生态保护区，保护珍稀鱼类资源及其栖息地

河流生态保护区是自然保护区的重要类型，多以河道命名，由自然保护区、特种水产种质资源保护区等组成。根据相关资料介绍，四川有30个国家级水产种质资源保护区、18个省级水产种质资源保护区以及一些国家级和省级河流湿地性公园、风景名胜区。在《四川省生态保护红线实施意见》中，以河流为载体的生态红线保护区有50余个，其中就包括了大渡河上游鱼类栖息地保护河段、黄河上游特有鱼类国家级水产种质资源保护区若尔盖段等。通过设立河流生态保护区，使一大批濒危鱼类资源、水生物种资源以及河流栖息地，得到了极好的保护。

2. 建立集中式饮用水源地保护，确保饮用水安全

饮用水水源地是指提供城镇居民生活及公共服务用水（如政府机关、企事业单位、医院、学校、餐饮业、旅游业等用水）取水工程的水源地域。通常情况下，以供水人口数为分界线，供水人口数小于1 000人的为分散式饮用水水源地，大于1 000人的为集中式饮用水水源地。保护饮用水水源地就如同保护人类的生命。饮用水水源地的保护不仅要依靠制度条例，更要依靠设立饮用水水源地保护区。饮用水水源地保护是河流生态保护的重点工程，是四川生态红线保护区的重要组成部分。根据《四川省生态保护红线实施意见》，全省市（州）和县级城市集中式饮用水源一二级保护区都是生态保护红线的范围。

链接：四川省饮用水水源地保护区（2016年）

阿坝州磨子沟饮用水水源地，马尔康市大朗足沟饮用水水源地，甘孜州任家沟饮用水水源地，康定市龙头沟饮用水水源地，康定市瓦厂沟饮用水水源地，凉山州邛海水源地，凉山州西河官坝堰饮用水水源地，攀枝花市金沙格里坪饮用水水源地，攀枝花市金沙河门口饮用水水源地，攀枝花市金沙大渡口饮用水水源地，攀枝花市金沙炳草岗饮用水水源地，攀枝花市金沙金江饮用水水源地，万源市后河偏岩子饮用水水源地，万源市观音峡饮用水水源地，万源市银洞子一号饮用水水源地，万源市银洞子二号饮用水水源地，宜宾市岷江（豆腐石、大佛沱）饮用水水源地，宜宾市金沙江雪滩（四水厂）饮用水水源地，泸州市长江五渡溪饮用水水源地，泸州市长江石堡湾饮用水水源地，泸州市长江观音寺饮用水水源地，成都市郫县徐堰河饮用水水源地，柏条河饮用水水源地，成都市沙河二水厂饮用水水源地、五水厂饮用水水源地，自贡市双溪水库饮用水水源地，德阳市西郊水厂人民渠饮用水水源地（含射水河）保护区，德阳市西郊地下水饮用水水源地，德阳市北郊地下水饮用水水源地，绵阳市涪江铁桥饮用水水源地，绵阳市涪江东方红大桥饮用水水源地，绵阳市仙鹤湖水库集中式饮用水水源地保护区，绵阳市高新区水厂三河堰饮用水水源地，广元市上西水厂水源地，广元市南河二厂水源地，广元市城北水厂水源地，广元市西湾爱心水厂水源地，遂宁市渠河水源地，内江市花园滩水源地，内江市濑溪河头滩坝水源地，内江市长沙坝—葫芦口水库，乐山市第一水厂饮用水新水源保护区，乐山市苏稽水口片区集中供水工程饮用水水源保护区，南充市主城区嘉陵江饮用水水源保护区，眉山市黑龙滩水库，广安市渠江西来寺饮用水水源地，达州市罗江库区集中式饮用水水源保护区，雅安市青衣江猪儿嘴饮用水水源地，巴中市巴河大佛寺水源地，资阳市老鹰水库，都江堰市西区自来水厂饮用水水源保护区，都江堰市自来水有限公司一水厂水源地，都江堰市自来水有限公司二水厂水源地，都江堰市科技产业开发区自来水公司水源地，都江堰市东城自来水有限公司水源地，彭州市龙门山镇沙金河凤鸣湖段集中式饮用水水源保护区，彭州西河水库水源地，邛崃市县城水厂饮用水水源地，崇州市崇阳镇地下水饮用水水源地，广汉市三星堆水厂水源地，绵竹市第一、第二、一水厂饮用水水源保护区，绵竹市柏林水库备用饮用水水源保护区，什邡市一水厂水源地，什邡市二水厂水源地，什邡市三水厂人民渠集中式饮用水水源保护区，江油市城北供水站、岩嘴头供水站饮用水水源地，江油市城南水厂供水站饮用水水源地，峨眉山虎溪河高洞口水源地，阆中市嘉陵江，华蓥市渠江陈家湾饮用水水源保护区，华蓥市蓥城自来水厂天池湖饮用水水源保护区，简阳市张家岩水库。

3. 实施长江廊道造林行动，提高河岸水保能力

河流两岸植被恢复与退化山体的治理是河流生态保护的重点任务。《大规模绿化全川行动方案》就专门针对河流生态廊道绿化进行了工作布置，提出"将造林绿化作为长江生态廊道建设的优先举措，重点打造长江干流及金沙江、雅砻江、岷江—大渡河、沱江、涪江、嘉陵江、渠江等流域的基干防护林带和林水相依风光带"。要求实施长江防护林工程建设，加大水土保持力度，组织营造以生态效益为主、兼具经济效益的林草植被；加强重要水源地、湖库周边和库区消落带、河道及渠道沿线造林绿化，促进绿色水系断带合拢。到2020年，全省新建和改造长江流域生态廊道2万公里，保护、修复

湿地生态2 500万亩。另外，要求实施长江上游沿江生态廊道修复与保护工程，在长江干流及其一、二级支流两岸的第一层山脊内以及重要湖库沿岸，营造基干防护林带和林水相依的景观林带。

4. 制定流域生态补偿制度，设置优良水体保护清单

通过制定岷江、沱江、嘉陵江流域水环境生态补偿办法，在岷江、沱江和嘉陵江干流及重要支流交界断面的上下游政府间实行水环境生态补偿横向转移支付，引导生态受益地区和保护地区之间、流域上下游之间，通过资金补助、对口协作、产业转移、人才培训、共建园区等方式实施补偿。实施以控制单元为基础的水环境质量管理。划定陆域控制单元，建立流域、水生态控制区、水环境控制单元三级分区体系。实施以控制单元为空间基础、以断面水质为管理目标、以排污许可制为核心的流域水环境质量目标管理。完善跨界断面水质超标资金扣缴补偿机制，建立重点流域水环境质量考核激励机制。四川省优良水体断面水质保护清单见图5-1。2016年，四川省对岷

黄河流域：四川境内全部（阿坝的玛曲）

嘉陵江流域：嘉陵江干流上游（广元的上石盘，南充的沙溪、金溪电站、烈面）、巴河（达州的大蹬沟）、白龙江（广元的苴国村）、白水江（阿坝的马踏石点）、东河（南充的文成镇）、涪江上游（绵阳的平武水文站、百顷、福田坝）、梓江河（绵阳的大佛寺渡口）、通口河（绵阳的北川通口）、南河（广元的南渡）、西河（南充的升钟水库铁炉寺）。

金沙江流域：金沙江干流上游（甘孜的贺龙桥、岗托桥，攀枝花的大湾子、俣果，蒙姑）、安宁河（凉山的阿七大桥一、昔街桥）、雅砻江（攀枝花的雅砻江口）。

岷江流域：岷江干流上游（阿坝的渭门桥、黎明村）、大渡河（甘孜的大岗山，雅安的三谷庄，乐山的李码头）、青衣江（雅安的龟都府，乐山的姜公堰，眉山的木城镇）、大金川河（阿坝的马尔邦碉王山庄）、寿溪河（阿坝的水磨）、梭磨河（阿坝的小水沟）。

长江流域：赤水河（泸州的醒觉溪）。

重点良好湖库：泸沽湖、邛海、黑龙滩水库、白龙湖、二滩水库、瀑布沟水库、三岔湖、大洪湖、紫坪铺水库、老鹰水库、观音岩水库等。

图 5-1 四川优良水体断面水质保护清单

江、沱江和嘉陵江"三江"流域实行水环境生态补偿办法，上游污染治理得好就能得到下游的补偿，上游造成污染的，应对下游进行赔偿。当年，"三江"流域水生态环境补偿金额3亿多元，其中，赔偿金额8 800余万元，改善补偿金额近2.2亿元。

5. 优化沿岸产业布局，开展河流生态修复工程

对金沙江、岷江、嘉陵江、沱江、渠江，以及泸沽湖、邛海、升钟水库等重要河湖开展水生态保护与修复工程；开展湖岸植被、亲水岸线、湖库水体原位修复及生态环境监管体系建设等工程，维护湿地与河湖生态系统健康。限制中小河流水电开发，系统实施江河流域整治和生态修复工程，开展重点河流的岸线规划、生态红线落地和水电工程建设对生态影响的后评估，采取生态健康评估、建设水生动物洄游通道、建立生态补水制度等措施，加强长江干流及支流的生态系统修复和综合治理。连通江河湖库水系，维持河流水的生态系统结构和功能。

五、河流生态改革——河长制

河湖健康，事关人民群众福祉，事关经济社会长远发展。河湖管理保护是一项复杂的系统工程，涉及上下游、左右岸、干支流，不同流域、行政区域和行业。要统筹水资源、水生态、水环境，处理好水陆关系、干支关系和上下游关系等，河流管理体制改革是关键。

（一）河长制

河长制，有利于河流生态保护，有利于促进绿色发展转变，有利于协调上下游、左右岸、干支流、河湖之间的关系。河长制采用"一河一策"，河长在协调左右岸、上下游关系的基础上承担相应管护职能。在四川，由省长

担任总河长，省级层面的涪江、嘉陵江、渠江、雅砻江、青衣江、长江（金沙江）、安宁河、沱江、岷江、大渡河等十大河流设立双河长，均由副省级领导担任。到2017年5月底，全省对在流域面积50平方公里以上的河流均设置了河长，并向小流域延伸，实现了所有河流河长制全覆盖。同时，还根据河湖的自然属性、跨行政区域情况等因素建立河湖分级名录。据悉，在2018年年底前，四川省将全面建立省、市、县、乡四级河长体系，全省十条大江大河、上千条河流将迎来自己的"父母官"。

（二）河长制工作方式

在河流生态改革工作机制上，四川省建立河长负责、一河一策、综合施策、多方共治的河长制工作机制，建立健全配套工作制度，形成河湖管理保护的长效机制。建立河长会议制度，制定和审议河长制重大措施，协调解决河湖管理保护中的重点、难点问题。建立部门协调和上下联动机制，加强部门联合执法，加大对涉河湖违法行为地打击力度；强化上下协同作业，同步推进河长制各项工作，加强对下一级河长制实施指导和监督，层层压实责任。建立信息共享制度，定期通报河湖管理保护情况，及时跟踪落实河长制工作情况。建立工作督察制度，由各级河长负责牵头组织督察工作，对河长制实施情况和河长履职情况进行督察。建立考核问责与激励机制，对成绩突出的河长及责任单位进行表扬奖励，对失职失责的河长及责任单位要严肃问责。建立验收制度，按照工作方案确定的时间节点，及时对已建立河长制的区域进行工作验收，并将验收结果纳入领导干部综合考核评价内容体系，对不符合要求的要列出整改清单，督促整改落实到位。

实施河长制使河道的治理不再分散，由一个河长统筹多个部门工作，上下游、左右岸以及多部门之间的联动由此实现。由各级党政主要负责人担任"河长"，负责辖区内河流的水资源保护、水域岸线管理、水污染防治、

水环境治理、水生态修复等工作；牵头组织对侵占河道、围垦湖泊、超标排污、非法采砂、破坏航道、电毒炸鱼等突出问题依法进行清理整治。这样，由河长统一协调水利、环保、住建、林业等多个部门开展河湖管理保护，有利于确保流域全面治理，有利于确保治理效果。

第 六 章

乡村生态

四川生态读本

乡村泛指城市以外的地区，是乡村人口生产生活的空间。处于城镇化加速期的四川，2016年年底还有4 196.3万人居住在乡村地区（户籍人口数量更多），依然超过城镇人口数量（4 065.7万人）；有3 281万劳动力在乡村就业，生产粮食3 483.5万吨和园林水果845.4万吨；乡村分布有2 271个乡、46 240个村委会、363 233个村民小组。全省169个自然保护区（面积8.345万平方公里，占全省土地面积的17.2%）均在乡村。因此，乡村是一个面积广袤、人口众多的区域，乡村生产—生活—生态三生空间是美丽四川的基础，乡村生态是否健康关系到四川生态建设成效和长江上游生态屏障建设，关系到四川生态安全和社会稳定，关系到四川全面小康建设。

一、基础概念

（一）乡村相关概念

乡村是指城市以外的广大地区，是以从事农业活动为主的区域，人口分布比城市分散的地方。谈到乡村，自然会想到乡村聚落、乡村产业、乡村田园风光等。乡村聚落，是乡村人口的居住生活空间，是相对于城市的一种居住形态。一般情况下，乡村聚落包括建制镇以下的地域，由村落（中心村、自然村）和集镇等构成。中共四川省委《关于推进绿色发展建设美丽四川的决定》提出，按照"小规模、组团式、微田园、生态化"要求，突出地域特色和民族风格，建设彝家新寨、藏区新居、巴山新居、乌蒙新村，建设"业兴、家富、人和、村美"的幸福美丽新村。美丽乡村指政治、经济、文化、社会和生态文明协调发展，规划科学、生产发展、生活宽裕、乡风文明、村容整洁、管理民主、宜居、宜业的可持续发展乡村（包括建制村和自然村）[①]。

乡村生态是一种自然环境系统、经济系统和社会系统通过人口发展联系复合而成的生态经济系统[②]，由聚落生态、传统产业生态、田园生态和道路生态等组成。聚落生态，是指在一个自然村或者行政村范围内，充分利用自然资源加速物质循环和能量转换，以期取得社会、经济和生态三大效益同步发展的农业生态系统[③]。

（二）乡村"三生空间"

"三生空间"是指生活、生产和生态所构成的空间，是乡村生态的基本元素。生活空间是人类进行吃穿住用行以及从事日常交往活动的空间存在形式，是延续和培育劳动者的主体场域。生产空间是人类劳动活动的空间存在形式。生态空间是自然基础存在的基本形式之一，界定了人类活动的地形地貌、活动区域、地理位置等乡村聚落场域；是维持劳动主体生命活动的栖居

---

① 中华人民共和国国家质量监督检验检疫总局，中国国家标准化管理委员会. 美丽乡村建设指南［Z］. 2015-06-01.

② 马永俊. 现代乡村生态系统演化与新农村建设研究[D]. 长沙：中南林业科技大学. 2007.

③ 华永新. 生态村建设与可持续发展[J]. 农村能源，2000，（01）：28-30.

地，同时，也为生产空间、生活空间提供生态保障；是社会生产活动顺利运转的先决条件。

生活空间的生活功能是指国土空间在人类生存和发展过程中所提供的各种空间载体、物质和精神保障功能，包括空间载体与避难功能（居住、交通、储存、公共服务等）、物质生活（基本生活、就业等）和精神生活保障（科学和教育、休闲、文化和艺术、美学、精神和历史等）。

生产空间的生产功能是以国土空间资源为对象直接获取或以空间资源为载体进行社会生产而产生各种产品和服务的功能，包括生产与健康物质供给（食物供给、淡水供给、药物供给、基因资源等）、原材料生产（木材、薪柴、纤维、装饰等）、能源与矿产生产、间接生产（商品与各种服务等）。

生态空间的生态功能是生态系统与生态过程中形成的维持人类生存的自然条件及其效用，包括气体调节、气候调节、水调节、水和废物净化、授粉、土壤保持、养分循环、初级生产等。

（三）乡村旅游

乡村旅游是以具有乡村性的自然和人文客体为旅游吸引物，依托农村区域的自然环境、建筑和文化等资源，在传统农村休闲游和农业体验游的基础上，拓展开发会务度假、休闲娱乐等项目的新兴旅游方式。乡村聚落、乡村文化、乡村景观、乡村传统产业、乡村建筑等共同构成了乡村旅游的载体。农家乐是乡村旅游的典型形态。农家乐以农家庭院为单位，借助区位优势和生产耕作条件，利用庭院、花圃、果园、鱼塘等自然条件和风土民俗，吸引城市游客，开展集赏花、休闲、娱乐、餐饮、购物为一体的旅游观光经营活动。农家乐发源于川西林盘，是以林盘为环境基地而发展起来的，郫县区的农科村是四川乃至全国开展农家乐旅游的代表。

二、乡村聚落生态

（一）乡村聚落生态概念

乡村聚落是指分布在乡村的各种居民点，是乡村人口的各类居住场所和生产活动空间，[①]它包括乡村中的单家独院，也包含由多户家庭聚集在一起的村落（村庄）和尚未形成城市或城镇建制的乡村集镇。广义的乡村聚落有时还指包括建设在野外或是自然保护区内的科学考察站以及城市以外的度假村或别墅区。[②]乡村聚落作为人口最重要的生活场所和居住空间，是一个由人类主导的人地复合系统，也是区域社会经济发展的有机组成部分，因此乡村聚落也是一种独特且具有一定结构和功能的地域空间实体。乡村聚落是乡村人口活动的中心，也是乡村人口生存、发展、休憩以及文化交往的主要集中场所。

乡村聚落生态，是指除城市地区以外乡村地区的所有居民点、乡村居住设施、各种乡村产业生态系统、乡村居民以及日常生产生活行为所涉及的自然生态系统所组成的一个生态复合巨系统，同时也包括了乡村聚落的整体布局、乡村农业和非农产业的整体发展。生态复合巨系统具有层次性、非线性以及不确定性。

（二）聚落生态功能

乡村聚落是区域生态安全的重要组成部分，对维护区域生态平衡、保护乡村多样性等具有重要作用。聚落功能主要包括有居住功能、防御功能、生产功能、服务功能、生态功能、社会稳定和文化传承等功能。聚落功能的探

[①] 陈勇. 国内外乡村聚落生态研究［J］. 农村生态环境，2005，（03）：58–61+66.

[②] 陈国阶，方一平，陈勇，等. 中国山区发展报告［M］. 北京：商务印书馆，2007.

讨通常离不开聚落的结构，有学者将聚落结构细分为聚落社会结构和聚落空间结构，[①]社会结构层面主要探讨聚落人口结构和聚落组织结构，空间结构主要由聚落建筑设施、自然资源和地域环境组成。

乡村聚落生态功能可以理解成由社会、经济、自然、生态环境等众多因子构成，并基于复杂的生态关系网络链融合而成的一个微观地域生产综合体，同时也是一个复杂人地生态经济系统的结合体。聚落空间结构中的自然资源和地域环境为聚落提供了重要的生态服务和生态产品，可以看出乡村聚落的生态功能不仅要从人文景观功能和自然景观功能考量，还要从乡村聚落的生态服务等功能进行综合考虑。乡村的生态功能通常是通过其服务价值产生作用，这些服务价值来源主要包括自然资源持续供给力、环境空间容纳力、生态环境的持续缓冲能力以及在整个生态大背景下人类的自我调节能力。因此乡村生态功能的正常发挥和维持，离不开乡村聚落的社会、经济和自然资源等结构组分的支持。

三、乡村典型聚落

（一）川西林盘

林盘是川西平原天府之国最典型的直观形象，是川西平原乡村绿化人居聚落的地域性称谓。清道光年间举人王培荀在《听雨楼随笔》中写道："川地多楚民，绵邑为最。地少村市，每一家即傍林盘一座，相隔或半里，或里许，谓之一坝。"这是林盘一词较早的文献出处。当代学者对川西林盘也有很多研究，形成了各色林盘概念。"走在川西平坝上，只要远远看见一笼竹林、树木，顺着田间小道与蜿蜒的水流钻进去，总会发现里面有农家小

---

① 沈茂英. 中国山区聚落持续发展与管理研究［D］. 成都：中国科学院研究生院，2005.

院，这就是林盘。"①林盘，是指川西农村的乡村院落和周边的高大乔木、竹林、河流及外围耕地等自然环境的有机融合，形成的一个个优美和谐、形状如田间绿岛的农村居住环境形态。林盘，是一个具有文化象征与使用价值的空间结构，结合了都江堰水利灌溉系统、农业生产和生活方式，整合了生活、生产与生态环境。林盘四周，有植被笼罩，垂直俯瞰则中为房舍，间有小桥流水；水平透视，则如绿色圆形碾盘，仅依稀可见时而露出的房角舍墙。

林盘是川西平原农村住屋及由林木环境共同形成的盘状田间绿岛，是集生活、生产、生态和景观为一体的复合型农村散居式聚落单元。林盘规模普遍偏小且呈高密度分布，农户或者独居或者三五成群、十数聚集居住在大小不一的林盘之中，大多数林盘相距不过两三百米。林盘，既是一种生活方式，也是一种生产方式，是人与自然和谐相处的传统格局，是川西地区传统聚落的典型代表，其中以都江堰灌区林盘最为典型。每个林盘都有自身的结构与特征，透露出独特的生态文化信息。林盘与农田、水系、道路、山林等要素共同构成了川西平原半天然半人工湿地上网格化的林盘体系，较好地维护了川西平原的生态环境，是川西平原农耕文明的主要物质载体。

传统林盘内层为农家宅院，外层为竹林、树木，林盘内外有溪流环绕，宅院屋舍之间有竹林果木交映，并辟有菜地等。林盘内聚居的农户数量不多，以几户或十几户为主，尚有不少单门独户的林盘，空间格局松散而自由，农家院落分散而独立，掩映在竹林与树木之间，院落之间既保持着一定的距离又有一定的联系。随田散居的林盘，以林竹相伴，葱郁的绿化创造了一个良好的生态环境。其中，林盘的林木、果树、蔬菜等为农家生活、生产提供了多种原材料和农副产品，是发展家庭养殖和手工劳作的基本载体，近

---

① 段鹏，刘天厚. 林盘——蜀文化之生态家园[M]. 成都：四川科学技术出版社，2004.

旁的农耕地，也便于林盘农户的生产耕作。无数林盘通过各种廊道如灌渠、道路、林带等的空间联系，形成了一个个板块网络。

林盘聚落在选址时，对周围水源、地形、环境等要素巧妙借用。林盘通常由三部分构成：宅、林、田。宅主要指聚落的房屋建筑；林主要指房屋建筑周围的树木、森林、竹林、园林等植被，这些要素不仅为林盘创造了一个良好的居住环境，同时也为村民的生产、生活提供了充足的原材料、树木等农林副产品；田，主要指林盘聚落外围农田，通常距离较近，利于开展农事活动。在以上三部分的基础上，结合林盘中的道路、河流、沟渠、广场空地等节点要素，共同构成了川西半天然、半人工且结构网络化的川西林盘聚落体系，较好地保护了川西林盘的生态环境，使川西林盘聚落具有重要的人文、历史以及生态价值。

（二）古村落

古村落，也称传统村落，是指民国以前建村，建筑环境、建筑风貌、村落选址等未有大的变动，具有独特民俗民风，虽经历久远，但至今仍为人们服务的村落。它是人类长期适应自然、利用自然的见证，是民族的宝贵遗产，是不可再生的、潜在的旅游资源，是维系传统农业循环经济的关键，更是国土安全的重要屏障。古村落是物质形态和非物质形态文化遗产，具有较高的历史、文化、科学、艺术、社会和经济价值，承载着中华民族传统文化的精粹，体现着独特鲜明的农村特色，是农耕文明不可再生的文化遗产，是人类社会一笔巨大的财富。古村落包括一些历史文化名城、古镇、宗教聚落、官寨等，以其玲珑剔透且古朴老旧的建筑群落形态，以及拥有的丰富历史文化价值、和谐的自然环境风貌而独树一帜。

四川是古村落资源极为丰富的省市之一，至2016年年底，四川省有传统村落225个，数量位居全国各省市前列。古村落，大都依山傍水，它最初的选址及整体布局结构都是以大地山河作为依托，处于青山和碧水环绕之中，是人与自然环境和谐相处的典范。

平原古村落在选址思想上深受传统文化中"五行思想""中心对称"与"风水学说"的影响，体现了人与自然协调统一的朴素生态环境观。这些村落多在平坝河谷或浅丘山顶山腰，气候温和，雨量充沛，植被覆盖率较高，交通状况较好，可进入性较强，如雅安市雨城区上里镇五家村。该村为南方丝绸之路临邛古道上的一个重要驿站，群山环抱，黄茅溪、白马河二水环绕，夏无酷暑，冬无严寒，空气温润清新，自然生态景观优越，与周围的青山、绿水相得益彰，仿佛构成了一幅优美的田园风景画。

山地高原古村落（见图6-1）区位偏远，坐落在半山台地或高山峡谷，依山傍水，交通闭塞，保持着较为原始的生态环境，受现代化的冲击较小，多处于自发生长的状态。村落既与环境协调又具有浓厚的军事防御特征。位于理县杂谷脑河畔的桃坪村就是羌式建筑的经典代表，被专家学者誉为神秘的"东方古堡"。村中成片的黄褐色石房子逐坡上垒，且一反传统，古城设东、西、南、北四门的建筑形式，筑成了以高碉为中心的放射状的8个出入口，配以13个通道构成四通八达的路网。寨内地底挖掘有众多引水暗渠，寨房紧邻，房顶毗连，组成了地上、地下、空中三位一体的道路网络和防御系统。国家级历史文化名村——萝卜寨村，其中心建筑几乎家家相连，各家楼顶参差错落，互可通达，寨内逼仄的巷道曲折纵横，与各家地下暗道组成了巨大的防御体系，浑然一体，虽无碉楼，实成堡垒。丹巴甲居藏寨、中路碉楼、梭坡碉楼等，无不体现出浓浓的防御理念，但又与自然环境浑然一体，虽历经数百年却依然昂立在大渡河畔，体现出古村落与周边生态环境浑然一体的特点。

图 6-1　山地高原古村

（三）巴山新居

巴山新居，是在秦巴山革命老区和贫困地区所实施的一项重大民生工程和扶贫工程，以农村新居、乡村道路、产业培育、公共服务、素质提升和生态环境为主要内容，以新居聚新业、建新村、树新风，构建贫困山区农村居民的新家园。巴山新居是对传统村落的改造提升，依据因地制宜、高低错落、疏密有致的规划理念，顺应自然、显山露水、通风透绿，体现多样性和相融性，采用院落式、组团式、自由式等布局，体现出巴山特有的生态聚落人居特征。巴山新居由三部分转换而来：第一部分是对农村危旧土坯房、避灾搬迁户、边远高寒山区移民户，采取小规模、组团式、生态化方式建设中心村和聚居点，做到建一座新村、留一片乡愁、兴一地文明，使生产—生活—生态空间有机融合；第二部分是对有产业基础的旧村庄和被撤乡（镇）的社区，以环境综合治理为主，改路、改水、改电、改厨、改厕，治污、治水、治乱，绿化、亮化、美化，解决垃圾乱倒、粪便乱堆、禽畜乱跑、柴草乱放、污水乱泼的"五乱"现象，建设宜居环境；第三部分是对传统风貌、历史文化元素独特的民居实施保护修缮，彰显地域特色鲜明的巴文化、民俗文化、红色文化和孝道文化，依托巴山新居，培育新的业态、文态、生态，既富"钱袋"，又富"脑袋"。这三大部分共同构成了巴山新居的特殊含义。

巴山新居以"青瓦、白墙、铁红色或褐色木构件、灰色墙体勒脚"为建筑符号，建筑庭院用木栅栏围合，院内种植绿化植物，乔灌草相结合，进行空间的立体绿化。巴山新居建设从方便生活和有利于生产两方面考虑，注重突出农民和农村的特点，在日照、水源、通风以及植被都较好的位置选址，遵循宜聚则聚、宜散则散、错落有致、相对集中的原则，突出田园特色、山林特色和森林宜居特色。在局部的建筑特色上，坚持"川北建筑特色与新村规划发展相结合、立足当前与兼顾长远相结合、经济社会发展与生态环境保护相结合"，大力发展绿色建筑工程，最大限度地节能、节水、节材、节地，加强对能源、资源的循环利用，配套修建太阳能和风能新型能源收集系统，同时做好沼气等高新能源的二次利用。结合当地自然灾害等因素，房屋的设计和选材上也综合考虑抗震、防泥石流等防灾基本性能。可以看出，巴山新居聚落是集天然性、环保性、亲切性和健康性于一体，人文、社会和生态环境有机融合的生态人居村落。

（四）藏区新居

藏区新居，如图6-2，是有别于藏区传统帐篷生活①的一种定居型聚落，是藏区全域旅游的重要载体。藏区新居建设工程的前身是四川藏区牧民定居和帐篷新生活工程（2008—2012年），2013年转为藏区新居建设工程（2013—2015年）。藏区新居以推动定居、改善生存发展环境、完善基础设施等为目标，最大限度地推动藏族地区农村贫困聚落得发展。藏区新居建设工程由两部分工程组成，第一部分是新建新居，第二部分是改建和改造新居。针对改建新居，工程妥善处理好"改、保、建"的关系，保留好村落的原始面貌，改善村落基础设施和公共服务。在改造过程中，按照"慎砍树、禁挖山、少拆房、不填湖"原则，对老林盘、古树、珍稀树木登记造册，在保留原生态风貌和突出特色的基础上，实施新居风貌改造与生态环境提升。

例如，木里县新居采取统一设计、自主建造的方式进行建设，配套建设厨房、厕所、畜圈、沼气池、绿化、硬化庭院、入户道路等，配套建设农村基层党组织活动室、农家书屋、培训室、便民店、村民文娱健身广场，实

---

① 传统帐篷生活就是"一顶帐篷一口锅、一群牦牛四处游"的传统游牧生活。

图 6-2　藏区新居

施环境绿化、垃圾收集处理、污水排放等工程。新居建设使得藏族群众生活环境变好，新村产业逐步发展。[1]农户院落是藏区聚落的核心组件，半农半牧区的大寨乡农户院落由围墙和院门合围而成，有前院和后院，中间是住屋（村寨中心区的院落大多只有前院没有后院或后院很小）；有的前院全部为硬化院坝，有的前院有很大一片绿化或蔬菜种植园；后院硬化院坝很小，绿化或者菜园地很大，兼顾拴耕牛以及马匹等，有的院落旁边就是耕地。其生活空间也兼顾很强的生产功能以及部分生态功能，居住与生产活动空间形成有机组合。

（五）彝家新寨

彝家新寨建设工程是彝族地区形象扶贫工程的升级版，是对传统的人畜混居、"三房"（茅草房、瓦板房[2]、石板房）等进行风貌改造，提升彝族传统村落的村容村貌。传统上，彝族人民喜欢居住在山地，以瓦板、茅草或竹枝压顶，泥土或石板做墙体，房屋为单门、单间或无窗。房屋右部为内室，以立柱装篾笆或木板隔开，左部用立柱围成牛圈、马圈、羊圈等。各家都有一个小院，用以堆肥、堆放柴草等。彝族农村传统民居存在室内采光不好、卫生条件差、保暖效果差等问题，成为凉山州彝族农村贫穷与落后的标志。从2001年起，彝族地区推出了以改变村容村貌卫生条件为主的形象扶贫工程和"三房"改造工程，以改变以往的居住模式。2010年，凉山州彝族村寨升级版——彝家新寨正式上线，如图6-3。新寨建设十分重视三生空间的有机融合，生活空间重视居住的舒适性和安全性，生产空间注重发展的持续性，生态空间则关注绿色和安全。彝家新寨"今天我养

① 中国木里政府网站. 藏区新村建设［EB/OL］.（2015-12-25）［2017-08-20］. http://www.lsz.gov.cn/muli/_2803675/2806170/index.html.
② 瓦板房是彝族长期以来盛行的传统居住建筑，因屋面使用木制瓦楞板而得名。

树，明天树养我"的理念生动再现了生态与人居、生态与产业的互动关系。

彝家新寨，在生活上，配套路、水、电、沼气、垃圾池、排污池等基础设施，改厨、改厕、改圈、改灶，增添日常生活设施和用具用品；在生产与生态上，将"微田园"经济与生态建设相结合，组合发展林、茶、果、蔬、薯、畜禽、干果、药材等，既满足新寨农户自身的食物需求，又为市场和游客提供交易、观赏、体验的商品；在产品和生态空间上，彝家新寨既保留了传统独门院落，又通过完善基础设施和公共服务，将独门院落聚集，形成数十户人口的新寨。峨边县，借助黑竹沟景区，把彝家新寨建设与"黑竹沟百里旅游文化长廊"打造相结合，突出山水自然风光，实施彝家新寨风貌塑造和主题建设，打造出"千亩梯田美神故里"化林村、"月儿风情民俗新村"双溪村、"湖光山色活力先锋"先锋村等一批特色鲜明、风情浓郁的新型村落，形成"百里长廊"沿线各色新寨遥相呼应、相映生辉的靓丽风景。① 不仅如此，新寨还通过"微田园"建设，将新寨的生活—生产—生态空间有机组合。

喜德县彝家新寨由民居、基础设施、生态环境保护、公共服务等四部分组成。

民居建设包括房、厨、厕、院、圈、路、水、电、气等九大要素。根据家庭经济能力，户均正房建筑面积不低于60平方米，厨房20平方米，厕所、畜圈20平方米，院坝20平方米。户户都用上了安全卫生的自来水，户户保证照明用电，有条件的农户还用上了沼气或太阳能热水器等新型清洁能源。

基础设施部分包括村内道路、安全饮水、入户用电等。村内主干道硬化畅通，村组户道路形成网络；采取集中供水与分散供水相结合方式，建设稳

---

① 栗那针尔. 峨边彝族自治县实施彝家新寨建设的实践与思考［J］. 中共乐山市委党校学报，2015（3）：63—66.

图 6-3 彝家新寨

定的供水设施；每个村落点都有动力电源供应。

生态环境建设包括垃圾处理、排污设施、绿化等方面。每村建一个以上的垃圾池，按照"组保洁、村收集、乡转运、县处理"的模式确定。充分利用地面径流和沟渠科学布局排污系统，做到户户有排污设施，保证排污通畅。根据村寨规模配建公共厕所。公共绿化结合民风民俗，展示地方文化，体现乡土气息，营造有利于形成村庄特色的景观环境。

公共服务设施包括村卫生室、村级公共活动场所等。每个村建立和完善卫生室、村级文化体育场所、农村书屋、村级组织活动场所、公益商贸活动场地、民俗活动场地等，形成多功能综合服务中心。①

---

① 马锦卫. 彝家新寨建设调查与研究——以大小凉山彝家新寨建设为例[J]. 西南民族大学学报（人文社会科学版），2013（11）：29–33.

四、乡村产业生态

（一）多样生态农业

多样化是传统农业的基本特征，是保持生产的多样，使不同农业景观选择不同的生产方式的一种农业生态。它是运用生态概念和原则，设计和管理可持续的食物生态系统，包含生物多样性的最大化和物种之间的相互融合，以长期保持土壤肥力、健康的农业生态系统和安全的生计策略。四川复杂而多样的地形地貌、气候条件以及多元的社会文化，孕育了极为发达的多样生态农业形态，如山地立体农业、草原游牧、平原农业等，都具有独特的生态属性。

多样生态农业的基本特征为：①时间多样性（如轮作）和空间多样性（如间作，混合农业），以及在不同水平上的多样性，包括一块地上、一个农场里或者一个景观上。②使用多样的品种而较少使用单一品种，品种选择的标准，包括文化偏好、味道、生产率等；③自然和生产方式的协调、融合，如构建"作物—牲畜—树"农场系统和土地景观；④高强度的劳动力投入；⑤多目标产出的最大化；⑥低外部投入，废物再利用和再循环；⑦产品多样且价值链短，兼顾生产、收入和生计的多元化生产。川西林盘、古村落等均承载了极为典型的多样生态农业特征。

（二）乡村旅游

1. 农家乐

农家乐是乡村旅游的典型模式。它是集农家院坝观赏、餐饮、娱乐、休闲、商贸等为一体的旅游形态。农户家庭经营是基础，以农户自住房为经营载体，突出农家风味和特色。农家乐一般由三部分组成：一是居住房屋，多为合院或者小楼，原本为农家自住，经过修整后除农户自住房外，还建成供游客消遣休闲的餐厅、棋牌室、卫生设施以及客房等；二是室外庭院，有花坛、大树、果树点缀，农家情趣浓厚；三是果园、菜园、茶园、荷塘等，是农家的绿化景观主体，为游客提供休憩、观赏、垂钓等活动场地。农家乐的核心载体是随季节变化的农家生态环境、地域文化以及农家食宿。近年来，农家乐版本不断更新，依存载体不断拓展，藏家乐、牧家乐、茶家乐、彝家乐等在巴山蜀水间发展，形成了以乡村聚落为特色的乡村旅游新业态。

2. 观光农业

观光农业是利用农业资源，以乡村田园景观、农业生产活动和特色农产品来吸引游客，满足游客体验农业、回归自然的心理需求。观光农业的核心资源是农业生态环境，是农业生产所依托的自然景观、季节节律、农产品以及农村人文资源等产生资源的叠加效应，实现农业与旅游、农业与文化的农旅文融合。根据观光的对象不同将观光农业分为两种。一种为田园农业观光，以大田农业为重点，包括欣赏田园风光、体验农业生产活动、品果和购买绿色农产品等；另一种为果蔬花卉观光，是以规模化的果树、花卉种植为依托所形成的观花、品果、采摘、购买果品花卉等多形态的旅游体验活动，三圣乡的"五朵金花"、西充的桃花节、龙泉的桃花梨花节等，都属于这种类型。

3. 生态旅游

乡村生态旅游是以保护生态环境为前提，以统筹人与自然的和谐发展为唯一准则，依托独特的人文生态系统，采取友好的生态旅游方式而发展起来的旅游系统。其强调对自然景观的保护，避免在旅游开发过程中大兴土木、建造与当地大环境不和谐的建筑等有损自然景观的做法，旅游的基础设施完善，旅游的方式环保，争取响应"留下的只有脚印，带走的只有照片"的环境保护口号。生态旅游以坚持注重当地生态系统的完整性、本土性、生物多样性与丰富性等为原则，最终的发展是使旅游回归大自然，促进人与自然系统的良性运转。例如位于九寨沟景区的扎如沟，积极开展参与性极强的生态游，该形式区别于传统观光游，主要以徒步、科考、露营等旅游形式为主，游人不仅能领略到当地的藏寨风情，还能在感受当地独特的地质地貌资源、气象和动植物等景观的同时，做到对当地生态环境没有影响或影响最小化，成为生态旅游成功的典范。

五、田园生态

（一）农田（地）生态

农田（地）生态（图6-4），是一种人工与自然复合的生态系统，是人类的衣食之源，也为人类提供了大量的就业岗位。据估计，全球农田（地）生态提供了94%的植物、动物蛋白和99%的人类消耗所需的热能，储存了大约18%～24%的碳汇。[①]中国单位农田生态系统所提供的生态服务价值高达3 547.89元/公顷，其中食物和原材料的价值仅为624.25元/公顷（占总价值的17.6%）。[②]四川是农业大省，农田（地）生态是最大的人工—自然复合生态系统，源源不断地生产着各类农产品和原材料。据统计，2015年，四川有673.61万公顷耕地，农作物播种面积达到969万公顷，生产了3 483.5万吨粮食、313.6万吨油料、21.9万吨烟叶、4 365.7万吨蔬菜。

农田（地）生态除了提供上述食物和原材料外，还兼有社会保障、保持土壤、调节气候、净化大气、循环养分和观光体验等服务功能。据相关学者

---

① 董世魁，刘世梁等．恢复生态学［M］．北京：高等教育出版社，2013.
② 谢高地，甄霖，鲁春霞，等．一个基于专家知识的生态系统服务价值化方法［J］．自然资源学报，2008（5）：911–919.

图 6-4　农田（地）生态环境

测算，我国单位农田（地）生态所提供的调节服务（调节气体、气候、水文等）价值达1 729元/公顷、支持服务价值（保持土壤、生物多样性）为1 118元/公顷，同时其还具有美学景观等文化价值。合理的人类行为活动能够促进农田（地）生态建设和生态系统的稳定，提升农田（地）以及周边的生态环境质量，而不适当的农田（地）耕作行为和土地利用方式、措施，会对农田（地）的生态环境造成负面影响，导致环境质量下降。农田（地）的生态价值和生态作用是人类社会存在的基础之一，对于人类的可持续发展具有重要而深远的作用。

（二）园地生态

园地是以种植水果、茶叶等木本植物或草本植物等的经济作物为主，覆盖程度在0.5以上或者每亩的株数大于70%的土地，包括育苗的土地，具有节

约化程度高和经济效益好等特点。常见的园地有果园、茶园、桑园等。园地是乡村重要生态景观，不仅提供食物、园艺产品、药材等，还发挥着重要生态服务功能。随着经济社会发展水平的提高，人们消费的多样性和消费水平不断升级，园地面积不断扩大、园地产品类型更多样，园地甚至取代农田（地）生态成为典型生态景观。2016年年底，四川省的园地提供了26.4万吨茶叶、845.4万吨园林水果以及45.9万吨中草药材，花卉苗圃、园林绿化等还未被纳入统计。

现在园地类型多样，既有传统的果园、茶园、桑园，也有园林园艺、花卉苗圃和药园等。园地与各类聚落、林盘、产业等有机融合，成为乡村人口极为重要的经济来源，也是乡村旅游产业发展的观赏景观载体。四川独特的自然条件和复杂的气候类型，孕育了多样且观赏性极强的园地生态景观。2016年四川有茶园495万亩，综合产值达550亿元，至2020年茶园要达到600万亩。茶园已成为乡村极为重要的生态景观。雅安的百里茶廊、万亩茶园，有"扬子江中水，蒙顶山上茶"的美称；乐山有"竹叶青平常心"的竹青山。茶园，已融入巴山蜀水间；茶，已发展成为区域性乡村支柱产业；采茶体验，已内化为茶业的独特文化。果园是面积最大、分布最广的园地，龙泉的桃子和枇杷、安岳的柠檬、攀枝花的芒果、会理的石榴、汶川的甜樱桃、茂县的苹果等，既是特色水果，又是特色果园。蔬菜—沼气—水果是果园的一种综合立体利用模式，是利用不同作物的生态习性，用养殖业的沼液将蔬菜、果园等联系起来，形成果蔬养殖循环。花卉苗圃是近年来快速发展起来的一种园地类型，在城市近郊发展较快，其中温江区的花卉园林产业已取代了传统的农耕方式，成为温江区乡村独特的景观类型。

六、乡村生态保护

（一）古村落生态保护

古村落是人类文明传承的重要遗产，有着相当高的历史文化价值、建筑艺术价值、美学与生态启示价值，还具有凸显人与环境和谐相处的人居环境价值，因此必须加强对古村落的有效保护，使之得以长久保存与发展。目前，四川省的很多古村落因为发展旅游在一定程度上得到了相对较好的保存，但是更多的古村落因为地理位置、资金缺乏等原因，面临着一些难题，尤其在古村落生态保护建设方面的工作做得还相对不足。古村落的保护要做到生态优先，抓好控制和引导，延续古村落天人合一的生态观，首先是要开展古村落生态问题的全面调查与评估，分析古村落现阶段所存在的问题与隐患；其次要建立和制定严格的古村落生态环境保护制度，通过立法为古村落的生态建设和保护提供法律依据；再次，设立古村落的生态保护专项基金，建立以政府为主导，社会和民间力量为辅的基金筹集制度；最后，重视古村落人居环境的建设，具体而言就是要全面综合整治古村落的村庄环境，大力开展古村落的绿化美化工作。同时，还要积极发展古村落的生态经济，发展生态农业、生态旅游业，通过其自身的可持续发展，增加古村落生态保护的内生动力。

（二）耕地保护

耕地保护是我国目前长期坚持的一项基本国策，党的十八大以及十八届三中全会都明确提出了建立国土空间开发保护制度，完善最严格的耕地保护制度的要求。四川1996年出台了《四川省基本农田保护实施细则》，将全省80%的耕地划入基本农田并实施有效保护。成都市在2008年就率先建立耕地保护补偿机制，设立了耕地保护基金，对全域范围内的耕地①实施分级保护，基本农田类耕地每年的耕地保护基金为400元/亩，一般耕地的耕地保护基金为300元/亩。耕地保护基金的使用范围：（1）耕地流转担保资金和农业保险补贴；（2）承担耕地保护责任农户的养老保险补贴；（3）承担未承包到户耕地保护责任的村组集体经济组织的现金补贴。2011年，四川省再次启动了划定永久基本农田保护工作，规定永久基本农田一经划定，必须得到严格保护，不得擅自占用和改变。《四川省土地整治规划（2016—2020年）》明确提出，坚持最严格的耕地保护制度和严格的节约用地制度，实施藏粮于地和节约优先战略，实行土地数量、质量、生态"三位一体"保护，优化国土空间开发格局。同时要求，推进农用地整理和高标准农田建设，提升粮食产能，推进农业现代化；大力开展城乡散乱、闲置、低效建设用地和城镇工矿建设用地整理，推进幸福美丽新村建设和新型城镇化发展，优化土地资源开发与保护格局，推动城乡一体化发展；大力推进废弃、退化、污染、损毁土地治理和修复，改善土地生态环境，切实推动绿色发展，建成高标准农田1 934万亩，对耕地提档升级；全面推进土地复垦，复垦率达到45%以上；积极开展土地的生态修复整治，促进绿色低碳循环发展和长江上游的生态屏障建设。

---

① 耕地是指种植农作物的土地，包括水田、旱地、菜地及可调整园地等。

第 七 章

城市生态

四川生态读本

随着城市人口的不断增加和城市经济社会的发展，生态修复与生态保护的重点领域将逐渐向城市倾斜，城市生态修复、城市生态空间、城市生态服务将成为生态文明制度建设的重点领域和关键领域。四川省在城市生态建设方面走在西部省区的前列，不仅明确提出了生态屏障建设，还积极推动城市生态环境的改造和修复，推动国家森林城市、园林城市、环保模范城市的建设，促使城市与自然相互融合，使城市自然生态空间不断增加、城市生活空间舒适宜居、城市生产空间集约高效，城市生活更加美好。

一、城市生态与城市发展

（一）城市生态

城市是一个高度复杂的社会—经济—自然复合体，也是生活空间、生产空间和生态空间的复合体。城市生态是生态城市建设的基点、起点和着力点。城市生态关系生态城市建设、新型城镇化、城市可持续发展以及"让城市生活更美好"

理想的实现。城市生态是多维度的，涵盖生活空间的生态、生产空间的生态以及生态空间的生产功能和生活功能。城市生态既包括城市河流、湖泊、沼泽等湿地，也包括城市园林、路旁植被、自然环境、动植物等，还包括城市地形地貌、水系、河流等自然地物以及城市地表物、建筑物、沟渠、道路等景观。城市居民是城市生态的主体，城市生态服务于城市居民，城市居民要维护和建设城市生态。生态城市建设不仅体现了城市生态维护，更体现了城市居民为城市生态所提供的基本保障。生态城市建设就是要实现城市空间布局的"生产空间集约高效、生活空间宜居适度、生态空间山清水秀"。

理查德·瑞吉斯特在《生态城市》中说，"人类的生活质量在很大程度上取决于我们建设城市的方式、城市人口密度和多样性程度。城市人口密度越大、多样性程度越高，对机械化的交通系统依赖越小，对自然资源消耗越少，那么对自然界的负面影响就越小。"城市是由人类创建的有机系统，而城市又改变了人类自身的行为方式、生活方式、生产方式乃至于人类的进化历程。

简·雅各布斯曾经提到，当我们想到一个城市时，首先出现在脑海中的就是街道。街道有生气，那么这个城市也就会显得很有生气；如果一个城市的街道显得单调乏味，那么这个城市也会非常乏味单调。[①]街道的生机取决于街道的文化、街道的居民及其生存方式、街道的生态、街道的经济活动等多种因素。城市的生机由一个个街道所决定，城市的生态是将城市生活、城市空间中"人工的"和"不自然的"变成更具吸引力的半人工半自然空间，形成一个集经济、社会与自然生态于一体的复合生态环境。建设生态城市、田园城市、园林城市、山水城市和环保城市等，就是构建一种"城在山水园林中，山水园林在城中"的城市生态环境，让街道更有生机，让生活在城市里的芸芸众生感受到城市生活的美好。

---

① JACOBS, J. The Death and Life of Great American Cities [M]. New York: Randon House Trade Publishing, 1992.

（二）城市发展

　　城市化是人类经济社会发展的必然产物，城市在聚集人口、聚集产业以及公共服务等方面有先天优势。随着社会的发展，城市日渐成为工业、教育、服务、发展和居住的中心。2015年，四川城区面积达到6 426.21平方公里（占全省土地面积的1.32%），其中建城区面积达到2 281.6平方公里（占全省土地面积的0.47%），城市就业人口达到4 833万人（占全省就业人口的74.5%），是名副其实的就业中心、创业中心、人口集聚中心、文化教育中心，形成了成都平原城市群、川南城市群、川东北城市群和攀西城市群，有18个地级市、16个县级市的城市发展格局。地级市有成都市、绵阳市、德阳市、泸州市、南充市、遂宁市、资阳市、攀枝花市、内江市、宜宾市、广元市、广安市、达州市、雅安市、巴中市、乐山市、眉山市、自贡市等，县级市有都江堰市、彭州市、崇州市、邛崃市、广汉市、什邡市、绵竹市、江油市、峨眉山市、阆中市、华蓥市、万源市、简阳市、西昌市、马尔康市、康定市等，还有50个市辖区，形成了完整的城市发展体系。

　　全省城区和建成区生态环境的改善与城市发展同步。城市绿地面积不断增加，从2010年的72 259公顷增加到2015年的87 096公顷，6年增加了14 837公顷，城区公园数量同步从319个增加到了508个，公园面积从7 900公顷增加到了13 343公顷，2015年建城区绿化覆盖率达到38.5%，超过三分之一的建城区被绿地所覆盖，城区绿化覆盖率也达到14.4%。2015年，成都市城市人口达到1 228万，全省城镇化率达到49.21%。

表7-1　四川省城市建设与城市绿化情况（2010—2015年）

年份	建城区面积（平方公里）	城市就业人口（万）	城市绿地面积（公顷）	其中公园绿地面积（公顷）	公园（个）	公园面积（公顷）
2010	1 629.73	4 772.53	72 259	16 133	319	7 900
2011	1 788.13	4 785.47	77 406	17 902	377	9 423
2012	1 901.72	4 798.3	83 179	19 188	408	10 630
2013	2 058.1	4 817.31	88 894	20 908	524	12 204
2014	2 216.6	4 833	82 116	22 191	466	12 369
2015	2 281.6	–	87 096	24 512	508	13 343
6年增加	651.87	–	14 837	8 379	189	5 443

资料来源：《2016中国统计年鉴》和《四川省统计年鉴（2011—2015）》。

随着城镇化水平的不断提高，城市数量、城市人口、建城区面积以及城市绿地面积等也同步增加。按照四川省"十三五"规划的城镇化目标，至2020年，常住人口城镇化率应达到54%（2015年为47.7%），较2016年49.21%的常住人口城镇化率增加了4.79%，还将有百余万农村人口转移到城镇生活。其中，城市将是人口城镇化的主要集聚区。城市，将成为四川绿色发展的重点区域，将成为生态四川、美丽四川的核心区和关键区。2010年至2015年四川省城市建设与绿化情况见表7-1。

（三）城市生态空间

城市生态空间是城市生态系统中由绿色生产者（绿色植物为主）与非生物环境构成的自然或半自然地域空间，涵盖了城市区域范围内的土壤、水体、植被等物质要素组合而成的各种空间形式。城市生态空间维护着城市的生态平衡，是支撑城市生态系统运转的重要物质空间。城市生态空间所具备的物质生产、生态降解及通道联系等功能，对城市生态环境起着关键的调节作用。城市生态空间是城市空间的有机组成部分，既具有自然生态要素的特质，又具备城市空间的一般特点。①其由城市主体——城市居民主导和营造，合理平衡生活空间、生态空间和生产空间。

城市绿地、公园、河流、湖泊湿地等是城市生态空间的重要组成部分，道路生态、小区生态、校园生态、园区生态等是生产生活生态相融合的空间，生产空间集约高效、生活空间宜居舒适、生态空间山清水秀是大尺度的城市空间布局和小尺度的城市"三生空间"融合体现在每一个小区、每一块园区、每一条道路、每一个校园和每一个工厂。在城市，没有截然分割的三生空间，没有完全独立存在的自然生态空间，生活区、生产区、生态区不是单功能的区域而是彼此交融，生活区中有生产生态，生态区中有生活生产，生产区中同样融入了生活空间与生态空间。这就是城市生态的独特性，正因如此，生态城市、园林城市、田园城市才有了生机和活力。

（四）城市生态环境问题

城市是人类活动最活跃的地区，也是经济发展和生态环境保护冲突中最激烈的地方。可以说，城市发展过程就是与生态环境相抗争的过程，在城市经济社会发展与生态环境问题之间不断取舍，平衡并促进城市环境问题、贫困问题的解决。城市贫困、环境污染、空气污染等问题始终与城市一起成长。正如恩格斯对英国工人阶级居住状况描述的那样，工业化初期的城市充斥着各种类型的贫民窟，进城产业工人的居住条件比农村更为恶劣。

去工业化城市，大多为大城市、大都市以及特大城市，城市问题更多演

---

① 徐毅，彭震伟. 1980—2010年上海城市生态空间演进及动力机制研究［J］. 城市发展研究，2016（11）：1–11.

变为贫困问题、失业问题、交通拥堵问题、环境污染问题、空气质量问题以及公共基础设施空间失配等问题。尽管如此，城市依然成为各阶层人群聚集之地，依然吸引着海量农村人口到城市居住、就业。在当今世界上最贫穷的地方，发展最快的依然是城市，大量的农村贫困人口到城市寻求发展和摆脱贫困的机会。另外，发达国家的城市在后工业化时代，治愈了大城市病而变得健康、富裕和充满活力。①城市问题特别是生态环境与城市经济发展水平之间的问题，存在倒"U型"关系的演变规律，在城市化初期和城市经济发展水平较低阶段，城市生态环境让位于城市经济发展，随着城市经济发展水平的提升，城市居民对环境质量更加重视，用于城市生态环境建设的资金增加，城市绿地面积增加、公园增多、湿地空间增加，绿色融入了城市的各个角落。尽管如此，城市生态环境问题仍然广受诟病，突出体现为城市资源约束趋紧、环境污染严重、生态系统遭受破坏等严峻形势，基础设施短缺、公共服务不足等问题突出。

二、城市融入自然

习近平总书记在天津滨海新区中新天津生态城考察时指出，生态城要兼顾好先进性、高端化和能复制、可推广两个方面。2015年的中央城市工作会议进一步指出，要着力解决城市病等突出问题，不断提升城市环境质量、人民生活质量、城市竞争力，建设和谐宜居、富有活力、各具特色的现代化城市。2016年2月4日，国家发改委、住建部共同发布《城市适应气候变化的行动方案》，提出的七项主要行动就包括了发挥城市生态绿化功能。2015年，国务院办公厅印发的《关于推进海绵城市建设的指导意见》中提出，综

---

① EDWARD GLAESER. Triumph of The City［M］. Lonclon:Penguin Books，2011.

合采用渗、滞、蓄、净、用、排等措施，最大限度地减少城市开发建设对生态环境的影响，将70%的降雨就地消纳和利用，推进公园绿地建设和自然生态修复。2017年，住建部印发了《关于加强生态修复城市修补工作的指导意见》，提出开展生态修复、城市修补是治理城市病、改善人居环境的重要行动。城市建设要能融入自然，随地形地貌、自然环境特色建设生态园林城市、森林城市，城市要有绿心绿地，城市生态空间要贴近自然、融入自然要素。中共四川省委十届八次全会就明确提出要依托山水环境特征，加快建设美丽城镇，使城镇成为山清水秀的美丽之地。生态是城市生存发展之基，环境是城市发展之本。

链接：《关于加强生态修复城市修补工作的指导意见》第三部分：修复城市生态 改善生态功能

1. 加快山体修复。加强对城市山体自然风貌的保护，严禁在生态敏感区域开山采石、破山修路、劈山造城。根据城市山体受损情况，因地制宜采取科学的工程措施，消除安全隐患，恢复自然形态。保护山体原有植被，种植乡土适生植物，重建植被群落。在保障安全和生态功能的基础上，探索多种山体修复利用模式。

2. 开展水体治理和修复。全面落实海绵城市建设理念，系统开展江河、湖泊、湿地等水体生态修复。加强对城市水系自然形态的保护，避免盲目截弯取直，禁止明河改暗渠、填湖造地、违法取砂等破坏行为。综合整治城市黑臭水体，全面实施控源截污，强化排水口、管道和检查井的系统治理，科学开展水体清淤，恢复和保持河湖水系的自然连通和流动性。因地制宜改造渠化河道，恢复自然岸线、滩涂和滨水植被群落，增强水体自净能力。

3. 修复利用废弃地。科学分析废弃地和污染土地的成因、受损程度、场地现状及其周边环境，综合运用多种适宜技术改良土壤，消除场地安全隐患。选择种植具有吸收降解功能、适应性强的植物，恢复植被群落，重建自然生态。对经评估达到相关标准要求的已修复土地和废弃设施用地，根据城市规划和城市设计，合理安排利用。

4. 完善绿地系统。推进绿廊、绿环、绿楔、绿心等绿地建设，构建完整连贯的城乡绿地系统。按照居民出行"300米见绿、500米入园"的要求，优化城市绿地布局，均衡布局公园绿地。通过拆迁建绿、破硬复绿、见缝插绿等，拓展绿色空间，提高城市绿化效果。因地制宜建设湿地公园、雨水花园等海绵绿地，推广老旧公园提质改造，提升存量绿地品质和功能。乔灌草合理配植，广种乡土植物，推行生态绿化方式。

（一）增加城市绿地空间

绿地是城市生态的表征，能提供多种生态服务。绿地有助于冷却空气和促进空气流动，改善城市局部小气候状况，缓解热岛效应和温室效应。绿色植物能稀释、分解、吸收和固定大气中有毒有害的物质，并通过光合作用形成有机物质，化害为利，减轻城市空气污染。绿地绿色植物还具有良好的固碳释氧效应，地球上60%的氧气来自于陆地植物，每公顷公园绿地每年能吸收900公斤二氧化碳并产生600公斤的氧气。密集和较宽的林带（通常19米～30米）结合松软的土壤表面可降低噪音50%以上，设计合理时6米林带对降低噪音也有一定效果，绿地林带也可降低城市噪音污染。城市裸露地表被绿色植物覆盖，可以显著改善城市地面的环境卫生和土壤卫生，有绿色植物的地方，空气、地下和水体中的细菌会大幅减少。研究表明，通过30～40米林带后，每升水中所含的细菌数量比未经过林带的减少二分之一。林带树木释放的负氧离子对人体呼吸和血液循环也是十分有益的。城市绿地具有杀菌除尘的作用，还可以减少土壤重金属污染。另外，利用树木进行土壤修复也是最为有效的土壤清污手段之一。

（二）保留城市原生态空间

城市原生态空间是城区重要的生态类型，是城市发展的支持系统和调节系统。四川是以山地丘陵为主的省份，全省181个县（市、区）仅有24个县（市、区）为成都平原区，盆地丘陵占30.5%，其余为盆周山区、川南和川西北高原；34个城市（18个地级市和16个县级市）中的大部分城市属于山地丘陵地貌，城区和建城区的原生态自然生态空间面积大、分布广，是城市发展的重要生态支持系统和发展空间。城市自然生态空间是指具有自然属性、以提供生态服务或生态产品为主体功能的城市土地空间，包括森林、草原、湿地、河流、湖泊、滩涂、岸线、海洋、荒地和荒漠等。保留城市生态，最重要的条件就是要保留城市原生态空间和生态系统，建立山水园林城市、森林城市、公园城市和湿地城市。

（三）拓宽城市湿地生态空间

湿地是地球之肾，湿地生态是城市之魂。河流、湖泊、池塘、水库等是城市湿地的重要组成部分。对此，四川省在2015年启动了城市黑臭水体治理工程。根据工程要求，成都对全市44条黑臭水体进行彻底整治，将整治水体变为"沿河而行、绕水而走"的滨河生态宜居空间。《四川省"十三五"生态环境保护与建设规划》提出，至2020年，城市要新建100个城市湿地公园。按照34个城市（地级市和县级市）计算，每个城市将新增2.9个湿地公园。根据规划，成都市至2020年的湿地保有量要达到2.79万公顷。成都市提出以"两区三带、三湖十园、点网密布"为空间布局结构，保护原有森林生

态植被、农田阡陌和河流湖库等生态资源。其中，"三湖"是指龙泉山城市森林生态公园的三岔湖、龙泉湖、翠屏湖。不仅如此，成都市还规划了水域绿地生态，加大主城区内河流岸线绿地生态系统建设。

（四）建设森林城市群

森林是最主要的城市生态系统，是城市生态的底色。四川省启动了森林城市群建设，明确建立成都森林城市群、川东北森林城市群、川南森林城市群、攀西森林城市群等四大森林城市群工程。森林城市群建设依照全省地貌、河流水系和骨干通道走向，综合各区域城市规模、数量及分布来定，涵盖全省主要城市。在森林城市群的建设上打破城乡界限，推动森林进城，在城市内部依托城市绿线管控、已有绿地升级改造、建设城郊城区绿地公园来增加城市森林及绿地覆盖率；城市之间，打破行政区划限制，依托道路、水系、湿地的通道绿化来实现城市群的无缝连接。例如，南充市对西河顺庆主城区段实施生态绿化景观长廊建设工程，按照"碧水绿城、魅力西河"的总体建设目标，以"生态水岸、活力水岸、印象水岸"为主体，形成"一环、三带、八景"约10公里的西河绿化景观长廊。全线设置了步行道、自行车道和综合慢行道，布点了厕所、休闲座椅等。工程完工后，西河中心城区段全线将成为一条环抱南充市主城区的绿色景观长廊。

三、典型城市生态建设

城市生态建设越来越成为生态保护和建设的关键领域，城市生态建设包括城市生态环境治理、城市生态保护等内容，是城市发展、城市建设、城市生态、城市环境、城市文化、城市人口等多元素有效融合的整体。城市生态建设随地形地貌而定，与城市经济社会发展水平相通。四川各城市（包括县城）的生态建设各具特色，例如，省会城市（来了就不想离开的城市）——成都、海绵城市——遂宁、电子科技城——绵阳、高原城市——西昌以及国家园林县城——北川。在国家层面，1992年启动了国家生态园林城市创建评比工作。2016年，全国共有17批310个城市、8批212个县城、5批47个镇分别被授予国家园林城市、县城、城镇称号。其中包括四川的成都市、绵阳市、乐山市、南充市、自贡市、德阳市、泸州市、眉山市、都江堰市、阆中市、峨眉山市、双流县城、郫县县城、北川县城、温江区等。其中，遂宁市、都江堰市还被联合国授予"全球绿色城市"称号，全国9个全球绿色城市中就有两个在四川。

（一）生态园林城市——省会城市成都

成都市于2009年获得"全国生态园林城市"称号。目前，成都根据全域自然生态、人文历史资源的分布特点，按照"一核两带多廊"的规划布局，以"拜水观山""天府森林""天府江岸""翠拥锦城"等九大主题线为基干，串联市内主要风景名胜区、自然保护区等自然生态空间，形成"内联外通，绿网纵横"的覆盖全域的三级健康绿色廊道。成都市积极推进"300米见绿、500米见园"工程，重现"绿满蓉城、花重锦官、水润天府"的城市盛景，使市民开启"慢下脚步、静下心来，亲近自然、享受生活"的城市休闲生活，并按照"景观化、景区化、可进入、可参与"理念，构建生态区、绿道、公园、小游园、微绿地五级城市绿化体系。同时，成都以"生态绿洲、城市绿肺"为目标，启动了将龙泉山森林公园建设为成都市民的"绿色生活、生态乐园"、成都生态名片以及国际知名、国内一流的城市森林公园工程。到2020年成都市的建设目标：建成区绿地率达到40%，绿化覆盖率45%，人均公园绿地面积达15平方米，全面达到国家生态园林城市标准，形成"城区绿心、城边绿带、城郊森林"的城乡一体化绿色生态网络，基本建成龙泉山城市森林公园，把大熊猫国家公园建成全球最著名、最具影响力的保护特有珍稀濒危物种及其栖息地生态系统的国家公园，建成健康绿道1 000公里。

在成都市的"中优"部署中，专门提出了"锦江生态圈"概念。锦江生态圈是指锦江生态绿道建设，北起五丁桥、东经猛追湾、西经百花潭、南汇合江亭，包含了成都府河、南河、西郊河及饮马河，通过绿道建设、综合治理等工程建设主干绿道30公里。以生态为载体，加强产业功能植入、风貌塑造和形象提升，并通过慢性系统、旅游线路和步行街与两侧商圈、旅游圈连接，形成融生态、文化、业态和形态于一体的生态圈。

（二）国家海绵城市试点城市——遂宁

遂宁市位于四川盆地东部，素有"小成都""川中重镇""西部水都"之称，2015年被列为全国海绵城市试点城市。海绵城市是指通过加强城市规划建设管理，充分发挥建筑、道路和绿地、水系等生态系统对雨水的吸纳、蓄渗和缓释作用，有效控制雨水径流，实现自然积存、自然渗透、自然净化的城市发展方式。遂宁市是全国16个海绵城市试点城市之一，也是四川省唯一的国家海绵城市试点城市。2015年，遂宁市编制出台了《遂宁市海绵城市建设试点计划（2015—2017）》，拟将遂宁建设为全国海绵城市典范，即浅丘平坝地区内涝防治示范、老城区水环境综合治理示范、滨江水生态文化示范，达到城市"水生态全面恢复、水环境显著改善、水资源适度利用、水安全充分保障、制度建设完备"等五大目标。通过实施生态岸线恢复、生态荷花塘、透水道路和铺装、生态景观水体、下沉式绿地、植草沟等海绵设施建设后，有效收集、利用雨水，消减雨水径流污染排放量，缓解城市内涝，改善涪江水环境，实现 "自然积存、自然渗透、自然净化"的生态环境效益。让城市自然生长的"海绵"已成为展示遂宁城市生态文化的新名片。2016年，遂宁被联合国授予"全球绿色城市"，是全国获此称号的九大城市之一。

（三）国家级园林城市——绵阳

绵阳市是四川省第二大城市、中国科技城、国家园林城市。为实现城市绿地建设与城市同步发展，绵阳市编制了《绵阳市绿地系统规划》，提出在规划期限内保持自然山水景观格局，形成生态健全、功能完善、环境优良、自然与城市紧密结合的城市绿地系统，建成以山水生态为特色的国家园林城市。在主城区规划中提出形成以"四山三水"为核心的山水渗透、廊道贯通、多点均布的片网状绿地布局结构，构建市级公园、区级公园、社区公园并用带状公园联通的公园廊道系统；建成街旁绿地、生产绿地、防护绿地、居住绿地、道路绿地五级绿地生态系统，建成绿色生态园林城市。

按照"城在山中、水在城中、显山露水、人景交融"理念，合理利用周边山体、水系，充分考虑建筑风格、造型、色彩等因素，形成城区绿美相拥，城郊森林环抱，林水相依、林路相连、各具特色的城市绿地生态系统，以提升城区绿化水平，提高城市生态服务功能。2016年绿色绵阳发展战略进一步提出，着力推进美丽城乡建设，以深入实施"美丽绵阳"工程为重点，同步推进美丽城镇、美丽乡村建设，加快形成宜居宜业的绿色科技城、园林城和森林城市。

（四）首个国家森林城市——西昌

西昌，凉山州州府所在地，位于安宁河平原腹地，有"川滇枢纽"和"西部水城"之称，是四川省首个"国家级森林城市"，还获得过"全国优秀旅游城市""中国旅游最令人向往的地方""中国最值得去的十座小城""中国最美五大养生栖息地""四川十大宜居城市"等城市荣誉称号。西昌的"生态"体现在城市森林、城市湿地以及人与自然的和谐共生。西昌拥有全国面积最大的飞播林区（15万亩），飞播林像卫士一般拱卫西昌，真正实现了"让森林走进城市，让城市拥抱森林"；西昌拥有全省第二大淡水湖泊——邛海，邛海是天然湖泊和城市最大的湿地；西昌保留了原生态的彝族传统文化；西昌拥有得天独厚的阳光资源。天蓝、地绿、山青、水秀，都在西昌聚焦。西昌在2010年就斩获了四川省首个"国家级森林城市"称号，同时还拥有1个自然保护区、2个森林公园以及邛海—芦山风景名胜区。

西昌在2009年编制的《西昌森林城市建设总体规划》中确立了"彝乡水韵林城，五彩休闲西昌"的城市发展定位，2010年又提出建设现代生态田园城市的理念，实施了邛海湿地生态恢复工程，使邛海水域面积恢复到了31平方公里。

彝乡水韵林城，就是西昌依靠森林城市得天独厚的优势，以彝族文化为载体进行森林文化建设，以邛海为核心进行湿地景观保护，建设独特的景观城市。五彩休闲西昌，就是利用季节变化的彩叶树种、木本花卉，建设河岸、道路、社区、湿地、山坡、农家、田园纵横交错立体的五彩园林城市，把西昌建成生态运动基地、生态保健基地、生态文化基地、生态采摘基地、休闲文化基地。

（五）国家园林县城——北川

北川新县城是"5·12"汶川特大地震后重点重建项目，从规划到实施均赋予城市生态极大权重。在规划初期，考虑到县城四面环山的静风效应，构建了由山体、水系、滨河及沿路绿带共同组成的"一环两带多廊道"网络状绿地系统结构，城市绿地面积占城市建设用地的22.9%，城市生态空间、生产空间和生活空间合理布局。

县城每年安排1000余万元用于园林绿化养护管理和县城亮化、美化，并先后投入2亿多元，建设湿地公园、珍稀植物园，提升公园、广场和重要节点的绿化景观，比地震前新增园林绿化面积30余万平方米，进一步提升了城市园林绿化水平和城市品位。目前，北川新县城建成区已实现绿地率44.4%、绿化覆盖率54.8%、人均公园绿地面积13.78平方米、人均绿地面积76.9平方米（按实际入住人口3.5万人计算）。此外，新建了北川龙门山珍稀植物园，并建设了永昌河景观带和北川羌城旅游区游客中心等县城重要节点园林绿化景观带，提升改造了禹王广场、滨河路景观带、巴拿恰商业街、抗震纪念园等地的绿化档次。县城公共绿地亮点纷呈，街道绿化景色宜人，居民小区环境优美，生态环境不断提升，园林建设全民参与，展现了"大美羌城、生态强县、小康北川"的城市魅力。

四、城市生态制度

（一）用规划引领城市生态建设

随着四川城镇化水平不断提高，以及城镇居民生态环境保护意识的增强，四川生态建设与保护工作的重点也逐渐从以自然生态为主的生态工程建设（如天然林保护、退耕还林、建设自然保护区）逐步转向城镇生态、自然生态、乡村生态并重的生态保护工作。城市生态建设与保护工作在生态建设规划项目中不断得到强化。这个转变在四川省生态环境建设的"十一五""十二五""十三五"规划中都有体现。在"十一五"规划中，对于城市生态的相关描述重点在于环境基础设施建设以及小城镇生态环境建设等方面。在"十二五"生态建设和环境保护规划中，对城市生态建设提出，加强城市山体、水面、湿地、森林等自然资源保护，促进城市发展与生态环境协调，强调要依托河流、湖泊、道路等建设绿色长廊、生态林地、公园绿地等，完善多层次、多结构、多功能的人工植物群落，形成与地方气候相适应、结构合理的城市绿地系统；实施城市大气污染防治、工业污染治理、生活污水垃圾处理、固体废弃物处置等生态环境保护工程，80%的城市完成绿地系统规划，积极创建国家级"生态园林城市"和"森林城市"，建设一批生态园区、生态新区，绿地率县城达到27%、设市城市达到35%，新增公园绿地6 800公顷，县城人均公园绿地75平方米，设市城市保持人均10平方米以上；促进城市产业绿色化，资源循环化、生产生活低碳化、人居环境生态化，不断提高城市生态文明水平。

在《四川省"十三五"生态建设和环境保护规划》（以下简称《规划》）中，将"创建生态城镇、宜居城镇"作为目标，要求科学评估城市环境承载力，将生态要素引入市区，加强城镇规划区原生生态系统的保护，旧城区绿地面积要实现有效增长，对城乡接合部的土地用途进行管制并拓展城市生态建设空间，特别是要加强湿地公园、城郊森林公园、城市山体森林公园、绿廊绿道等具有地域景观文化特色的山水园林建设，提出了森林城市和森林城市群概念，特别是要建设成都平原、川南、川东北、攀西四大森林城市群，使城镇生态修复成为"十三五"期间的一个突出亮点，有序修复被破坏的山体、河流、湿地和植被，治理污染土地，恢复城市自然生态。为推进生态园林城镇、海绵城市建设和联合国中国人居环境（范例）奖申报，要深化环境优美示范城镇、乡村创建。开展国家生态文明建设示范县、生态文明乡镇创建，大力推进国家环保模范城市建设进程。四川省"十三五"期间城镇生态系统建设和改善重点工程见表7-2。

《规划》要求，至2020年城市（含县城）建成区绿地率达到35%，设市城市建成区绿地率达38%，设市城市人均公园绿地面积达14平方米；新建生态园林城镇15个，建成森林城市25个、绿化模范县（区）90个，创建中国人居环境（范例）奖10个、联合国人居环境（范例）奖2个、国家级生态文明建设示范县5个、省级生态县30个。

在地方层面，德阳市发布了《德阳市绿色建筑发展规划（2014—2020）》，明确德阳市将在旌东新区建设面积不小于1.5平方公里的国家绿色生态示范城区。

表7-2 四川省"十三五"期间城镇生态系统建设和改善重点工程

工程名称	建设内容及规模
生态园林城镇和森林城市建设	推进生态园林城镇建设，新建生态园林城镇 15 个。开展国家、省森林城市创建活动，建成一批森林城市和森林城市群，建成国家和省级森林城市 25 个，创建森林乡镇 200 个
城市湿地公园、城市山地森林公园建设	指导全省城市（县城）制定生态修复方案，推进城镇生态修复示范项目建设，到 2020 年建成 100 个城市湿地公园、100 个城市山体森林公园
城郊森林公园建设	各市、县原则上建设 1 个以上供市民休闲游憩的城郊森林公园

资料来源：《四川省"十三五"生态保护与建设规划》。

（二）用制度保障城市生态用地

1992年，四川省人大就通过了《四川省城市园林绿化条例》，2004年9月24日四川省第十届人民代表大会常务委员会第十一次会议通过《关于修改〈四川省城市园林绿化条例〉的决定》（修正）。按照文件规定，城市园林绿地由六部分组成，分别是：①公共绿地，指常年开放供公众游憩观赏的各类公园和街头绿地；②单位附属绿地，指机关、团体、部队、企业、事业单位的绿化用地；③居住区绿地，指居住区内的绿化用地；④生产绿地，指为城市绿化生产苗木、草坪、花卉和种子的苗圃等绿化用地；⑤防护绿地，指专用于隔离、卫生、环保、安全等防护目的林带用地和绿地；⑥风景林地，指城市内依托自然地貌，美化和改善环境的林地。

该文件对城市绿化用地指标也进行了明确的规定，具体为：

①旧城改造区、城市主干道以及城市商业区的大中型商业和服务设施不低于20%；②工矿区企业不低于25%；③新开发建设区、大专院校、科研机

构和宾馆、饭店、体育场馆大型公共建筑不低于30%，其中，新开发建设区内的居住小区人均公共绿地面积不得低于1平方米；④医院、疗养院不低于35%；⑤污染严重的企业、事业单位不低于40%；⑥城市规划区内的公路、铁路、道路应当按规划和技术规范进行绿化。除前款各项规定外，其他建设工程，地处城市建成区内的不低于25%，地处城市建成区以外的，不低于30%。

（三）用行动开展城市生态修复

《四川省生物多样性保护战略与行动计划（2011—2020年）》的第39个行动就是城市绿地系统建设与生物多样性保护，要求各城市实施以园林和街区绿化为核心的绿地系统建设，并将生物多样性保护纳入其中，一并规划设计，同步考核验收；建设仿地带性植被园林、仿自然生态演替园林等，建湿地园林、生态水岸堤坝等，突出地方生物多样性特色；保护鸟类、两栖类、爬行类及有益昆虫，搞好引鸟观鸟工作及相应设施建设；建立动物园和植物园，控制鼠虫害，防治外来有害生物，科学用药施肥，将绿化、美化、净化相结合。

2016年，四川省委十届八次全会明确提出，要依托山水环境特征，加快建设美丽城镇，使城镇成为山清水秀的美丽之地。四川在全省范围内启动了城市生态修复工程。城市生态修复及山水园林建设，是利用生态系统自我恢复能力辅以人工措施，使遭到破坏的生态系统逐步恢复或使其向良性循环方向发展，营造人与自然和谐相处的生态空间。城区，顺应自然山水打造具有地域景观特色、生态良好的公园绿地以及绿道绿廊等园林绿化重点项目，积极发展屋顶绿化、立体绿化，拓展建成区各类生态绿地空间。

人是城市生态系统的主体，城市的一切均在人的行为支配下，而人的行为又受其观念、意识的支配。城市生态问题很大程度上是由于城市规划者、管理者、决策者及普通市民缺乏生态意识所致。因此，应通过普及生态科学，倡导生态哲学和生态美学，变城市生态系统的自生为共生、变单目标为多目标、变单一的因果链为多维的生态网，克服决策、经营、传统管理上的短期性、盲目性、片面性及主观性，从根本上提高城市的自组织、自调节能力[①]。

　　总之，走进绿色，拥抱森林，营造人与自然和谐相处的生态城市，是全球化时代城市发展的新潮流。拥有绿色，就拥有健康的城市生活。生态城市，是新型城镇化的本质要求和重要模式。四川正处于城镇化加速发展阶段，越来越多的人口将在城市生活，因此城市人居环境质量很关键。同时，建设宜居之城、和谐之城、开放之城，也离不开绿色与生态。展望未来，四川城市将更加注重城市生态系统的完整性和城市环境质量，城市与自然将更加融合，城市的生态特征将更加明显，城市自然生态系统也将得到更好维护，城市生态系统环境承载力会不断提高，城市绿色生态空间与城市生产和生活空间有机融合，使城市生态成为自然界生态系统的有机组成部分；城市废气、废水以及固体废弃物等污染物将得到有效治理和循环利用，城市的环境也会更加健康。

---

① 　王祥荣. 生态与环境！城市可持续发展与生态调控新论[M]. 南京：东南大学出版社，2000.

第 八 章

道路生态

四川生态读本

　　道路是最重要的基础设施，是城乡生态景观的重要组成部分，也是分布最广、发展速度最快的人类建设工程。道路及其道路设施、行道树以及两侧的生态景观，共同构成了道路生态要件。道路，连接乡村、城市、区域，承载城乡、区域间的物质流、人口流、信息流和能量流，是社会经济发展的基础资源。道路及路网加速了地球化学元素的迁移，道路及路网的切割在改变原生生态景观的同时，也形成新的道路生态景观。道路建设极大地提升了生活的便捷性和可达性，使人类财富不断积聚，并且缩短了地理空间距离。目前，道路建设与运营的生态环境问题受到越来越多的关注，关于道路生态景观研究也越来越多。道路生态研究，已成为生态学研究的前沿学科。现代道路的建设与营运，将道路与生态有机融合，使道路成为一条延绵不断的景观带、文化带和民俗带。

一、道路生态概念

　　道路建设是社会和经济发展的必然产物，其分布范围之广、发展速度之快是其他人类建设工程所不能比拟的[①]，道路及其周边环境所构成的道路生态已成为极为重要的生态景观。关注和研究道路生态，是自然科学和社会科学的共同职责。道路生态也称为路域生态，是由人—车—路的人工生态和道路周边生态所组成的生态景观。在研究道路生态时，人们更关注道路建设与运营所产生的生态环境影响。道路是典型的人为活动产物，道路建设及其运营过程在为社会发展提供保障和促进经济发展的同时，形成新的景观类型——道路景观，但也带来了环境污染、栖息地与景观破坏等问题。目前，道路路网、道路影响范围以及相关研究构成了道路生态关注的主要内容。早期道路建设并不重视道路建设与运行中的生态环境问题，道路建设曾普遍引发原生景观破坏、生态破碎和廊道阻隔等问题。随着人们收入水平的增加和生态环境保护意识的增强，特别是"五位一体"战略的实施，我国在道路建设与运营中不仅大幅减少对生态环境的破坏，还将道路建设与自然生态有机融合，将道路建设为生态道路、景观道路、风景道路、公园道路，使道路成为集自然景观、人文景观、工程景观于一体的休闲旅游的重要载体。著名的青藏铁路就是这样的典型，乘坐青藏铁路已经成为旅游者的重要体验之一。

　　人口稠密的四川盆地被四周的青藏高原、横断山区、云贵高原和秦岭—大巴山所阻隔，道路交通曾经是制约经济社会发展的短板。李白在《蜀道难》中感叹，"噫吁嚱，危乎高哉！蜀道之难，难于上青天！"如今，铁路、公路、水路、航空等交通路网组合的立体交通网络，彻底改变了"蜀道

---

① 刘世梁，温敏霞等. 基于网络特征的道路生态干扰：以澜沧江流域为例［J］. 生态学报，2008（4）：1672－1680.

之难"的道路状况，构建起了水陆空三栖组合的出川大通道，"蜀道难"变成了"蜀道通""蜀道畅""蜀道快""蜀道美"。2015年，四川省铁路里程达到444.2公里、公路里程315 582公里、内河航道里程10 818公里，公路客运量124 014万人（占总量135 969万人的91.2%）、货运量138 622万吨（占货运总量154 597万吨的89.7%），公路里程占全国的6.8%，客运量占全国的7.7%，货运量占全国的4.4%，公路密度达到0.65公里/平方公里。在315 582公里的公路里程中，等级公路266 064公里、高速公路里程6 020公里、等外级公路49 518公里，共同构成路网较为密集的公路交通体系。2015年四川省公路里程及客货运量见表8-1。

表8-1　四川省公路里程及客货运量（2015年）

年份 类别	2010	2011	2012	2013	2014	2015
公路里程（万公里）	26.6	28.3	29.3	30.2	31	31.5
公路总运量（万人）	230 988	242 615	266 338	276 871	126 691	12 4014
公路客运周转量（亿人公里）	802	901	1 005	1 068	630	672
公路货运总量（万吨）	121 017	139 771	158 396	173 329	142 132	138 622
公路货运周转量（亿吨公里）	985	1 139	1 325	1 485	1 511	1 480

资料来源：《四川省统计年鉴（2016）》。

"十三五"期间，四川还将建成成兰铁路、成贵铁路乐山贵阳段等多条铁路和汶川—马尔康、雅安—康定等多条高速公路以及9万公里扶贫乡村道路[①]等。铁路、高速公路、等级公路、等外级公路以及乡村道路等构成了密

---

①　四川省《2016—2020年交通精准扶贫专项攻坚方案》提出，在贫困地区集中开展交通大会战，未来5年投资力争达到2 500亿元以上，新改建公路力争达到9万公里。到2020年年底，全省普通国道二级及以上公路比重达到70%，普通省道三级及以上公路比重达到50%，市（州）到县全面实现二级及以上（三州三级及以上）公路连接，所有贫困县至少形成两个二级及以上（三州三级及以上）的对外公路通道。在农村公路网络建设方面，到2017年年底，实现所有乡镇通油路，所有具备条件的建制村通硬化路。到2020年年底，实现所有具备条件的乡镇建有乡镇客运站（停靠站），具备条件的建制村建有招呼站（牌）并开通客运班线。

集路网，由此形成了路网生态通道，生态理念、绿色理念、低碳理念等贯穿道路建设与运营的全过程。

链接：四川省"十三五"期间重点铁路与道路交通工程

铁路方面。建成成都至兰州、成都至贵阳铁路（乐山至贵阳段）、西安至成都铁路（西安至江油段）、川藏铁路（成都至雅安段）、成昆铁路（成峨段及米攀段扩能改造）、隆黄铁路（叙永至毕节段）等铁路；加快建设蓉昆高铁（成都经天府国际机场至自贡段）、川藏铁路［雅安至康定（新都桥）段］、渝昆铁路、成都至西宁铁路、川南城际快铁、绵遂内城际快铁、广元至巴中（扩能改造）、汉巴南快速铁路等；推进建设蓉京高铁（成都经南充至达州段）、包头至海口高铁（西安经达州至重庆段）、成都至格尔木铁路、川藏铁路［康定（新都桥）至林芝段前期工程］；规划研究西昌至宜宾、攀枝花至大理（丽江）、雅安至乐山等铁路。

高速公路方面。建成汶川至马尔康、雅安至康定、成都经济区环线、巴中至桃园、宜宾经古蔺至习水、攀枝花至大理、宜宾至彝良、成都经安岳至重庆、巴中经广安至重庆等高速公路；加快建设绵阳至九寨沟（川甘界）、泸州至荣昌、马尔康至青海久治、天府国际机场高速、仁寿至攀枝花、康定至新都桥高速康定过境段、西昌至昭通、乐山至汉源、成都天府国际机场经资阳至潼南段、绵阳经巴中至万源等高速公路；实施成南、成乐、成雅、成彭、泸黄高速扩容改造。

二、道路生态影响

　　道路生态影响是指道路建设过程中对周围生态环境的影响、道路运行中对生态环境的影响以及道路废弃后对生态环境的影响等多个环节、多个方面产生的影响。道路生态影响是一个立体的、复杂的、持续的、动态的过程。大量研究表明，道路生态影响并不仅仅局限于道路路面自身，而是一个影响带、影响域、影响范围，道路生态影响带的大小往往数十倍于道路本身。道路生态影响带是指因道路及其载体交通流量而形成的空间生态效应影响带，其宽度因道路等级、自然环境、环境因素以及影响对象而不同，从几米到几百米甚至数公里都有可能。有学者研究得出，我国受道路网络影响的国土面积占土地总面积的18.37%（公路密度为每平方公里0.476公里）。道路生态影响主要集中在以下几方面。

（一）道路网络的生态影响

　　道路作为人为活动的通道，道路网络密度与经济发展水平和地形地貌有关。道路网络会对生态景观产生切割作用，破坏生态系统的完整性和原真性，增加物种生境的破碎度。一般而言，道路密度越大、路面越宽、等级越高、交通密度越大，会使得道路占地越多，野生物种的生境破碎化越严重，使生态系统的结构和功能趋于简化，造成生态系统稳定性下降，生存环境容量变小和自我恢复能力变弱，导致某些物种种群数量下降或消失。随着道路密度和交通流量的增加，道路致死的动物数量也呈逐年上升趋势。有关研究指出，近几十年因道路致死的脊椎动物数量已远远超过人类猎取的陆栖动物数量。

（二）道路交通干扰改变微环境

路面及路径周边土壤密度增加、道路温度升高、光照增加、土壤水分减少、车辆灰尘浓度增大、地表径流改变以及沉积物变化等，会改变道路小气候，影响道路周边物种生境，在使部分当地物种受到胁迫的同时，也为某些植物的扩散提供途径，给生物入侵提供了方便。紫茎泽兰就是随道路车辆而入侵的有害物种，即由于汽车排放氮氧化物，导致土壤富营养化，植物的竞争能力发生改变所致。道路运营也会产生空气和水等污染，从而抑制植物的光合作用和呼吸作用等新陈代谢过程，对植物的正常生长和发育产生一定的综合性危害。

（三）道路网络加速土地利用结构改变

道路是经济社会发展的保障，是人类活动的重要通道，便捷的道路通道必然带来土地利用结构的改变，使城镇建设增加而生态用地（含农业用地）减少。通常情况下，路网密度越大，对土地利用结构的改变也越大。路网密度越高，交通用地、城市建设用地、工矿用地、居民点用地等建设用地比重就越高，各类生态用地比重（包括农耕比）相应下降。马路聚落也是因为交通条件改变而生成的一种聚落景观，是大量分散的乡村聚落沿道路聚集形成的一种道路聚落景观。另外，道路的通达性增强也为偷猎行为、资源过度利用行为等提供了便利。

（四）道路带来生态环境污染问题

道路上释放的重金属、盐和臭氧等污染物，随着水流扩散，对周围环境产生的影响范围大、程度深。相关研究表明，土壤中的铅浓度与距离道路的远近有明显的正相关关系。研究表明，在道路周围80米范围内的土壤中的铅浓度显著增加。①道路交通载体的交通事故特别是危险品触发的交通事故，可能因为化学物质的释放而造成环境污染。化学物质随着水流扩散，也会对周围环境产生重大影响，例如重金属会影响水生生态系统、在植物体内积累，继而影响食物链上的生物，以致影响整个生态系统。

　　道路生态影响是多样的，路网影响区域整体，道路影响局部。道路等级越高、路面越宽、交通流量越大，对生物体的阻隔作用也越明显，环境污染也越突出。道路生态问题越来越受到关注，生态道路建设就是要降低道路生态影响，将道路建设和运行中的生态影响降低，并依托道路构建新的生态景观带，将道路生态景观建设为绿色发展的先行示范带。2014年四川省部分地区公路交通与客货周转量见表8-2。

表8-2　四川省分地区公路交通与客货周转量（2014年）

地区	总里程（公里）	等级公路（公里）	高速公路（公里）	旅客周转量（万人公里）	货物周转量（万吨公里）	等级公路占比（%）
全省	309 742	257 027	5 506	6 300 265	15 105 064	82.98
成都	22 789	20 958	677	1 231 084	2 322 248	91.97
自贡	6 456	5 183	183	183 364	541 543	80.28
攀枝花	4 728	3 297	195	77 834	541 543	69.73
泸州市	13 516	9 552	389	641 482	1 216 147	70.67
德阳市	8 165	7 348	185	218 243	541 032	89.99
绵阳市	19 887	13 820	318	336 848	674 954	69.49
广元市	19 520	13 906	374	183 548	652 354	71.24
遂宁市	8 805	7 688	298	201 427	446 157	87.31

---

① 丁宏，金永焕等. 道路的生态学影响范围研究进展［J］. 浙江林学院学报，2008（6）：810-816.

续表

地区	总里程 （公里）	等级公路 （公里）	高速公路 （公里）	旅客周转量 （万人公里）	货物周转量 （万吨公里）	等级公路占比 （%）
内江市	10 136	6 594	232	312 310	323 503	65.06
乐山市	11 658	10 554	212	247 432	1 106 616	90.53
南充市	22 446	20 361	433	466 942	844 684	90.71
眉山市	7 532	5 850	301	18 144	520 767	77.67
宜宾市	18 301	15 337	178	330 827	518 706	83.80
广安市	10 366	8 985	183	151 553	275 237	86.68
达州市	19 510	17 140	374	241 365	1 159 457	87.85
雅安市	6 286	5 786	257	106 689	635 693	92.05
巴中市	16 953	16 470	239	236 855	356 765	97.15
资阳市	14 804	11 414	214	304 388	479 064	77.10
阿坝州	13 218	12 542	51	254 599	605 028	94.89
甘孜州	25 984	25 536	0	142 998	201 913	98.28
凉山州	24 923	18 614	213	249 333	1 124 087	74.69

资料来源：《四川省统计年鉴（2015）》。

三、道路融入自然

近些年，道路的生态环境影响问题越来越受到广泛关注，并成为生态建设关注的重点。当然，道路生态影响也不都是负效应，道路也为生态环境建设和保护提供了基本保障。道路边缘自然植被和人工植被可为许多动植物提供藏身栖息地和庇护所，道路路网所形成的通道森林、景观生态、工程生

164

态，作为重要的生态景观资源，产生了巨大的旅游休闲价值。

生态道路，就是将道路融入自然环境，从道路修建到道路运营再到道路废弃的道路生命周期中，融入生态元素与生态理念，实现山、水、田、林、路综合体的有效融合，使"要想富先修路"的路，成为践行"美丽四川""绿色发展"的先行示范区和示范带。在生态道路建设中，重点是保持自然地面的连续性，视地形地貌修建高架桥或隧道，保持生态廊道的连续性，保持关键生态点的联通，采用适度的生态补偿，如在道路两侧修建人工湿地、建立保护区等，降低道路对自然生态环境的影响。[①]建设生态道路，还要处理和协调好三大关系。[②]

（一）道路与水体的关系

路面雨水有很多污染物难以自净，不加处理而直接排入水体会造成水体污染；道路建设对水体的扰动很大，甚至直接分割水体，使水体两边生物流、能量流受到阻隔，影响水生态系统，应尽可能采用长跨度桥梁、水上架空栈道等道路行驶通过水面；尽可能远离水陆交错带，保护水生物种和水陆栖息地的完整。

（二）道路与山体的关系

道路建设应尽可能减少对山体自然机理、原有森林植被的破坏；减少山上降雨与道路路面雨水径流对山体结构层、土壤的冲刷；利用各种边坡生态修复技术修复边坡；运用当地路边自然野生植物，形成稳定的道旁自然生态植被群落景观。同时，道路选择应尽量避开生态敏感区和风险区。

---

① 王晓俊. 基于生态保护的道路规划策略［J］. 生态环境学报，2011（3）：589–594.
② 殷利华，万敏等. 道路生态学研究及其对我国道路生态景观建设的思考［J］. 中国园林，2011（9）：56–59.

（三）道路与野生生物的关系

在道路建设中，设置符合当地野生生物习性的上下生物通道，设置警示标识、防护措施，保证野生生物可以自由安全地通行和迁徙；协调路旁绿化植物（行道树）品种与周围环境关系，增加物种多样性等。例如，穿越若尔盖湿地的国道，就在多处设置了野生动物迁徙通道并设置了醒目的标识牌。

在减少道路环境影响方面，可采用绿色道路设计，包括选择绿色路面材料、使用雨污收集和处理专用设施、使用对环境影响较小的附属设施等；根据绿色植物的吸附性能，扩大道路两旁绿色植物隔离带；在道路与邻近自然景观区域之间增加自然式的过渡种植带；更多选用乡土树种；等等。

四、典型道路介绍

建设美丽四川和生态四川不仅要关注自然生态环境保护与建设，更要关注道路等典型人为活动产物的生态环境保护。四川不仅将生态理念融入道路建设，还营造了多姿多彩的道路生态景观，形成了蕴含古蜀文明的蜀道连片成景的行道树景观，云端上的高速公路——雅西高速公路、川西高原明珠——成兰铁路（四川段）、环城大花园——成都三环路等，每一条道路都是一道独特的风景线和景观带。道路生态是带状的旅游活动空间，是游客在旅游地内部集聚与分散的重要载体，其连通功能是旅游地内旅游活动发生与发展的重要保障。[1]

---

① 蒋依依. 旅游地道路生态持续性评价——以云南省玉龙县为例[J]. 生态学报，2011（21）：6328-6337.

（一）云端上的高速公路——雅西高速公路

　　每一次经过雅西高速公路，内心都会受到震撼，它的美丽端庄、变化莫测，都让人浮想联翩。雅西高速也被网友称为"四川最美高速"，是集地质景观、人文景观、生态景观、湿地景观、工程景观等于一体的高速公路景观。雅西高速于2007年4月开工，2012年4月建成通车，全长240公里，其中桥梁长91公里、隧道长41公里，桥隧比55%。在汉源、石棉境内桥隧比超过70%。全线有桥梁270座，长约91公里，其中特大桥23座、大桥168座；有隧道25座，长约39公里，其中特长隧道2座、长隧道16座；沿线从海拔600米一路爬升到3 200米，相对高差堪比峨眉山，被称为"天梯高速""云端上的高速"。雅西高速公路处于四川盆地向云贵高原的过渡地带，海拔高度快速提升，深切峡谷多，气候条件恶劣，地壳活动频繁，沿途穿越12条地震断裂带，地震烈度高达7度到9度。

　　雅西高速经雅安的雨城区、荥经、汉源、石棉，止于凉山彝族自治州冕宁县泸沽镇，全长240公里。雅西高速一线自然风光优美，由北向南穿越横断山脉，大相岭隧道入口处的原始森林风貌，汉源境内的大渡河峡谷景观，汉源湖湿地景观，冕宁、西昌地区的高原风光，这些依次更替，构成不同风格的风景段。沿线自然景观独特，人文景观多样，既有盆周山区（雅安）的农耕城镇村庄、护坡、农田等，也有多姿多彩的民族风景、古道文化。高速沿岸的自然景观多样，涵盖了原始森林景观、峡谷景观、高原景观、彝族村庄景观、工程景观、城镇景观。为减少甚至避免高速公路破坏自然环境和原有风景，设计施工中还融入自然和谐理念和绿色理念，以隧道、桥梁解决公路穿越自然保护区、河流湿地等问题，降低高速公路对当地生态环境的影响；采用双螺旋隧道结构，不仅解决短期海拔抬升所引发的盘山路问题，而且减少了公路施工和运营对周围生态环境的影响。雅西高速，不仅是一条连接成都平原与攀西经济区的大通道，更是一条壮美的生态旅游通道。

雅西高速沿线风光秀美，分布着各种类型的风景名胜区与自然保护区：

（1）雨城区。羊子岭市级自然保护区，以珙桐、红豆杉、连香树等野生植物为主，面积2 382.6公顷；周公河自然保护区，面积3 170公顷，以大鲵、水獭以及其他野生珍稀鱼类为主，是省级野生动物保护区。

（2）荥经县。龙苍沟国家森林公园，占地75 733公顷，以森林植物生态系统为主；大相岭省级自然保护区，面积29 000公顷，以大熊猫及其生境为保护区对象，也是大熊猫野化放养区之一。

（3）石棉县。栗子坪国家级自然保护区，面积47 940公顷，以大熊猫、红豆杉、连香树等为保护对象，是四川省大熊猫野化放归地之一。

（4）汉源县。汉源湖，为瀑布沟水电站的库区，主库区在汉源境内，在汉源、石棉和甘洛三县境内形成了84平方公里水域，是西南地区最大的人工湖。

（5）冕宁县。彝海，面积1平方公里，保护面积30平方公里。彝海属高山深水湖泊，平均水深9.8米，最深处15米，常年蓄水135.3万立方米，是省级文物保护单位和省级风景名胜区；冶勒省级自然保护区，面积24 293公顷，以大熊猫、川金丝猴、扭角羚等为保护对象，是省级野生动物自然保护区。

（6）西昌市。邛海——芦山风景名胜区，为国家级风景名胜区，景区与西昌城区连成一体，组成了国内不多见的山、水、城相依相融的独特自然景观和优美的人居环境。

（二）成（都）兰（州）高铁（四川段）——通天之路

其简称为成兰铁路，从海拔500米的成都平原攀升到海拔3 400米的青藏高原，依次经过龙门山、岷江、秦岭三大断裂带，穿越世界自然遗产地——"大熊猫栖息地"，以及"四川安县睢水海绵生物礁省级自然保护区""四川安县国家地质公园""千佛山省级自然保护区""千佛山国家森林公园""宝顶沟省级自然保护区""黄龙国家级风景名胜区外围保护地带"及"南兴镇地下水源地"等多处自然保护区、遗产地、风景名胜区和地质公园等。这些地方生态环境脆弱、生态保护压力大，但自然风景优美、人文风景多样且独特、社会发展水平差异大，沿线处处有风景、处处有特色、处处有文化。为降低铁路建设与运行对脆弱的生态环境和人文生态的破坏，铁路建设的环境影响评价与应对措施多次更改，采用隧道穿越、桥梁工程、少设路基等举措，将对环境的影响降低到最小。据相关资料介绍，铁路穿越大熊猫栖息的地段，90%以上为深埋山体的隧道和桥梁，远离大熊猫核心区，并预留大熊猫迁徙通道。

成兰铁路是一条风景之路、文化之路和民俗之路。从成都平原的田园风光到岷江上游峡谷地貌再到青藏高原高寒草甸，自然环境独特、气候条件多变，既是经济之路更是文化之路，承载着生态环境保护的重任。

（三）环城大花园——成都三环路

成都三环路2002年8月28日正式通车，被誉为"美三环""靓三环""帅三环"。在全长52公里的环状路上，东段乔灌结合并以乔木为主，南段为色块图案段，西段是以黄角兰、栀子花为主的芳香植物段，北段为林荫大道，全程绿化面积180万平方米，被称为成都市的"生态大花园"。

2017年，三环路再次进入改造期，处处透露出绿色、低碳、生态的理念，以建成成都最美的雨水花园，实现"城中见景、景中见城"的目标。按照"乔木修枝、灌丛清理、植草覆绿、增花添彩"的原则，保护和提升现有三环路全线绿化景观，形成"疏林草坪"，还绿地于民，呈现"花重锦官城"，努力打造"最美三环"，并在绿道沿线设置一定数量的座凳、洗水池等配套设施，同时新增公共厕所，设置环卫工人休息室，在绿化带内完善

"天网"监控设施、照明设施、指路标识系统，打造"人文三环""平安三环"。三环路的非机动车道路面主要采用工厂预制构件，实行现场装配式施工，既可保证现有电力浅沟不迁改，又可减少碳排放等污染源，还能有效提高工程质量，降低造价；施工过程中将损坏的混凝土路面加工处理后作为基层使用，实现了建筑材料垃圾的再生利用。另外，贯彻落实"海绵城市"建设理念，建设"雨水花园"，中水回用于灌溉系统，服务于绿化浇灌。

（四）最美不过乡村公路

这里所指的乡村公路是由县道、乡道和村道所组成的路网体系，是公路网络中数量最多、分布最广、影响面最大的道路，是农村经济社会发展的重要基础设施。交通部在《农村公路建设标准指导意见》中提出，农村公路要与沿线地形、地物、环境和景观协调，要保护自然生态环境和文物古迹。乡村公路贴近自然、融合自然，是连接自然美景、文物古迹、村庄人家、小桥流水等的交通要道。2009年，四川省交通厅公路局、四川农村日报社联合举办了"新农村·我心中最美的乡村公路"评选活动，网友投票选出了十条最美乡村公路[①]。

乡村公路越来越成为车轮上感受乡村美景的平台。重庆路，被网友称为中国最美乡村公路，贯穿崇州南北，跨越街子、三郎、怀远、道明、王场等7个乡镇，全长42公里，连接都江堰青城山、崇州街子古镇、大邑烟霞湖、安仁古镇等旅游景区，是崇州旅游产业的黄金走廊。重庆路是"5·12"汶川特大地震灾后创建项目（重庆对口支援崇州市的重建项目之

---

① 这十条最美乡村公路分别是：达州市宣汉县普光镇至石铁乡公路，凉山州西昌市西乡乡凤凰村西乡乡政府至凤凰村公路，泸州市江阳区泰安镇长江村至黄舣镇盘龙村公路，泸州市泸县玄滩镇玉石村玉石路，眉山市彭山县江口镇将台社区至黄丰镇团结村江白路，宜宾市翠屏区沙坪镇至凉姜乡公路，攀枝花市仁和区啊喇乡岔啊路，广安市广安区新农村西环线，达州市万源市井溪乡街道至响水村委会公路，南充市阆中市水观镇阆仪路接口至白衣庵村委会公路。

一），起于成温邛高速公路白头出口连接处，止于崇州市与都江堰交界的成青旅游快速通道连接处，贯穿崇州市遭受地震灾害影响的7个乡镇，连接了沿线10余个安置点以及都江堰青城山旅游景区，是致富之路、感恩之路和生命之路。

（五）蜀道连片成景的行道树路

古道行道树是古蜀先民道路生态保护的伟大成就。蜀道两旁广种行道树，行道树连片成景，既可指路，又可遮挡烈日，兼顾游憩休息，被誉为"世界奇观""蜀道明珠"。蜀道之金牛道，形成了以剑阁普安镇为中心，东南至阆中，西南至梓潼，东北至昭华的古柏行道树生态景观。（1）从剑阁抄手铺经汉阳、剑门至昭华约40公里的驿道，有古柏1 600多株，这段驿道的古洞沟一带古柏茂盛、绿树成荫，还有因幼树生长受损导致长相奇特的"开膛树""挂肚树""淌肠树"等。（2）从剑阁普安经龙源、古楼、白龙、碑垭乡镇进入阆中，全长80多公里的驿道两旁有古柏4 400多株，有长相奇特的"大肚树""古柏吞碑树"。（3）从剑阁凉山经柳沟、捶泉至武连，进梓潼的50多公里的驿道上，有古柏1 900多株，被称为"种松之乡"。宋代种松碑云：线路翠，武功（县名）贵；线路青，武功荣。说明宋人已经认识到了植树造林（行道树）与县域经济发展息息相关。蜀道之米仓道，行道树以巴山"皇柏树"为主，从南江城西榆铺至下两、白杨坪沿南江河北岸约25公里的古道边，尚存2 900多株古柏。根据南江县志记载，明朝正德年间，县令杨某倡导植树以示路径并得到皇上护谕，故名"皇柏树"。[1]

蜀道还是多姿多彩的黄金旅游线路，沿途灿烂的文化景观、自然景观，

---

[1] 李瑾. 天下蜀道［M］. 成都：天地出版社，2010.

充满无限魅力。

（1）剑门关国家森林公园，位于广元市剑阁县金牛道上，地处龙门山脉北部，嘉陵江西岸，总面积3 000多公顷，集雄、秀、奇的自然风光于一体，汇汉、唐、宋、明、清人文于一身。

（2）翠云廊古柏省级自然保护区，面积近3 000公顷，有秦汉以来百年以上古柏28 000余株。翠云廊古柏省级自然保护区是森林生态系统类型的自然保护区，主要以古驿道旁的生物群落、古驿道和古柏为保护对象。

（3）七曲国家森林公园，在梓潼境内七曲山金牛道旁，面积1 000多亩，区内万株古树全部为古柏，晋"亚子柏"、汉"张飞柏"堪称世界奇观，无皮无枝，堪称一绝。七曲国家森林公园也是全国森林康养试点单位。

（4）米仓山国家自然保护区，位于广元市旺苍县米仓道旁，总面积2.34万公顷，有国家一级保护动物羚羊、豹、云豹等和国家一级保护植物红豆杉、银杏、猪叶草等，是国家森林康养试点单位。

（5）唐家河国家级自然保护区，位于广元市青川阴平道旁，面积4万公顷，是以大熊猫、牛羚及其栖息地为主要保护对象的森林和野生动物类自然保护区。

（6）王朗国家级自然保护区，在绵阳平武西北部阴平道旁，面积300平方公里，保护对象为大熊猫、金丝猴等，区内大熊猫占全国大熊猫总数的40%。它也是全国森林康养试点单位。

（六）让鲜花盛开、为动物让路——理亚路

理亚路位于海拔3 000米以上，为省道216、217线之间的连接线，是理塘县城到稻城亚丁之间的一条旅游公路，是川西青藏高原上遵循生态环保理念打造的一条示范路。2014年改扩建后投入使用，2017年4月获得中国公路交通优质设计一等奖。

理亚路，让公路融入自然，每个视角都美成了明信片。公路两侧鲜花盛开，格桑花、波斯菊与道路融为一体，蓝天白云之下的道路如同长在花丛中。让公路融入自然的，不仅仅是花，还有道路两侧山坡草地上休闲地吃着草的牛羊。

在理亚路上，汽车要慢下来，给动物留下穿越通道。高原上有不少野生动物和牧民放牧的牛、羊，保证动物安全穿越道路是理亚路设计的基本理念，也是生态路的标志。在动物活动比较频繁的6个区域，设计师专门设置了动物通行专用道。动物通行专用道不是另外新建的道路，而是把这部分区域作为人、动物共用的专用道，并提前设立警示牌，提示经过的行人。限速40公里的路牌警示，确保了动物通行的路权。当驾驶员看到警示牌，车速就会不自觉地慢下来，人和动物和谐共处。

土建施工与生态恢复同步进行。理亚路穿越了海子山和亚丁两个国家级自然保护区。理亚路，从海拔3 000米到4 600米，相对高差1 000米，穿越了高原、草甸、古冰帽、峡谷等不同区域。这里的一花一草一树一木一石都是上天赐予的宝贵财富。在改扩建过程中，225公里的道路有95%为原有线路，并结合地形放低路面，将道路与周围的地形地貌自然衔接。在不得不拓宽路面的区域，按厚30厘米、长60厘米、宽60厘米的方块切割原地面草甸，整齐码放并浇水养生。待路基成型后，再重新铺回路边。全程共有30多万平方米的草甸用这种方式施工，成活率达到了90%。在乔灌木较多地段，则将乔灌木含根部土壤整体移植，最大限度地保护生态环境和原有植被，保留原有高原生态。今天理亚路上的高原美景，就是这样被保护下来的。

五、等外级道路生态

近年，四川各种道路（高速公路、省道、县道以及乡村公路）和铁路都在快速扩张，以缩短全省道路交通基础设施与全国的差距，以服务于经济社会发展和城市化发展的需要，以实现全面小康社会和同步小康社会需要，以服务于精准扶贫、精准脱贫的需要，以服务于两个百年的中国梦。道路越修越多，交通流量越来越大，路网结构越来越复杂，道路交通载体——机动车保有量持续增加，货运客运量不断增长。据统计，2017年4月底成都的机动车保有量位列全国第二且数量还在不断增长，这使得对道路的需求越来越迫切，道路修建里程还将持续增长。特别是乡村发展、乡村旅游、乡村机动车拥有量的持续增长，需要乡村道路建设力度加大加快。而乡村道路受制于资金、生态环境保护意识等因素，其生态环境问题更值得关注和深思。

（1）硬化村道与村落环境的协调问题。在脱贫攻坚工作中，村道等路面硬化是关键，各村相继都实施了通村、通组乃至于入户的硬化路面，以水泥路面替代原来的碎石路面，极大地解决了农村人口的出行问题。但水泥路面与环境的协调相融问题不可忽视，在某些地方，道路甚至破坏了村落整体和谐，加剧了村域生态景观的破碎化。

（2）大多数乡村公路以通达为目标，侧重于道路的技术标准、结构质量和通行能力，忽视了道路建设施工对资源环境的破坏，忽视了在道路修建过程和运行中对生态环境的影响。而且，部分乡村道路修建受制于工程造价，侧重于道路建设的经济选线、选址，不能达到道路工程建设与环境保护全面协调发展的要求。

（3）道路建设特别是乡村道路建设，对周边生态环境采取"先破坏后恢复"的惯例，而一些被破坏的生境很难恢复，且道路的生态恢复常常只强调短期效果，忽视了长期效果。

（4）大型骨干性道路建设忽视生态环境保护，弃渣随意堆放现象十分突出。在道路建设中，有些地方政府未真正发挥监督作用，有些施工方未能严格按照道路生态环境影响评价施工。

（5）在行道树选用、道路绿化等方面，忽视乡土树种作用，特别是一些近郊乡村公路、乡村中心广场、环城道路等，追求新奇而忽视道路生态功能。相关研究表明，高速公路对生态环境破碎影响贡献率最小，而乡村公路等对生态环境破坏最为强烈，包括水土流失等。

（6）乡村公路的生态维护问题。随着城乡互动的增多，乡村交通流量增加，乡村道路维护与生态影响问题日渐突出。乡村道路的路面硬化工程在满足乡村人口出行需求方面作用巨大，但对乡村景观的破碎化以及乡村小动物的惊扰同样十分明显。部分物种随着乡村车辆的增加而逐渐消失。

总之，要致富先修路，要发展路先行，但生态保护也同样重要。各种各样的道路星罗棋布在大地上，解决了人们的出行，满足了经济社会发展，道路的绿色化和生态化才是四川未来道路发展的方向，存量道路的彩化、绿化工程也是全川绿化的重点。

第 九 章

工业园区生态

四川生态读本

园区是各类产业园区的简称，产业园区是指为促进某一产业发展而创立的特殊区位环境，是区域经济发展、产业调整升级的重要空间聚集形式，担负着聚集创新资源、培育新兴产业、推动城市化建设等一系列重要使命。最常见的园区类型有：工业园区、物流园区、科技园区、文化创意园区、总部基地、生态农业园区等。其中，工业园区是最基本的园区形态。随着资源消耗增加、污染问题加重、资源环境约束趋紧等，产业发展越来越向园区集中，园区也越来越绿色化、低碳化和生态化。产业园区是经济发展的有力引擎，是对外开放的重要载体，是深化改革的实验平台，是城市建设的拓展空间，担负着引领区域经济社会发展的重要使命。至2015年年底，四川省共有各类工业园区184个，其中国家级园区17个、省级园区45个；国家和省级新型工业化示范基地分别为16个、29个；国家和省级知识产权试点示范园区分别为3个、57个；国家级自主创新示范区1个。至2015年年底，工业园区营业收入达到26 290亿元，其中营业收入超过2 000亿元的产业园区1个，超过1 000亿元的产业园区2个，超过500亿元的产业园区12个。工业在产业园区的集中度达到69.5%，园区已成为企业的集中地。2015年，全省工业园区已开发面积达1 510平方公里（占当年全省建城区总面积的68%），工业园区无疑成为产业园区的最主要形态和建城区的重要组成部分，园区景观也成为最重要的景观形态，园区的建设和发展也正在朝绿色化、低碳化和生态化转变。

一、生态工业与生态工业园

（一）生态工业

随着人口的不断增长，资源消耗的不断增加，污染日趋严重，致使我们的地球不堪重负。为了改变这种现状，1989年，Frosch和Gallopoulos在《科学美国人》上发表了一篇题为制造业战略（*Strategies for manufacturing*）的文章，指出传统生产模式[①]应该被一种更为和谐的工业生态系统模式所替代。这种模式类似自然生态系统把一个工艺的废物变成另一个工艺的原料，以实现物质和能源消耗最优化，废物产量最小化，进而降低工业活动对环境的影响。这是一种能平衡经济和环境关系、提高生态效率、实现可持续发展的生态工业模式。

生态工业模式不同于传统的线性工业模式（资源→产品→废物），它通过生态设计来减少工业生产过程的资源能源消耗，通过再利用生产过程中的废物、副产物和废能以及最终的废水、废物并使之成为再生资源，构建起和谐的工业发展模式，实现资源的循环利用（资源→产品→再生资源）。在我国，它以循环经济的形式出现在可持续发展的基本国策中，以提高土地、

---

① 所谓传统生产模式，是指制造业的每一个生产工艺都独立于其他工艺，消耗原材料，生产产品，并产生需要处理的废物。

矿产、水等资源和能源的利用效率，减少工业污染和生态退化，缓解经济快速发展和资源能源短缺之间的矛盾。其基本特点是"减量（Reduction）、再利用（Reuse）、循环（Recycling）"（简称3R）。减量，是减少进入生产和消费过程的物质和能量，提升资源利用效率；再利用，就是对生产过程中的自然资源、副产物、废旧产品进行多次利用，减少向环境中排放污染物；循环，是将生产过程中的废物转变为再生资源，以减少废物的最终处置负荷和对自然资源的消耗。中华人民共和国环境保护部2015年发布的《国家生态工业示范园区标准》中，将生态工业定义为综合运用技术、经济和管理等措施，将生产过程中剩余的能量和产生的物料，传递给其他生产过程使用，形成企业内或企业间的能量和物料传输与高效利用的协作链网，从而在总体上提高整个生产过程资源和能源利用效率、降低废物和污染物产生量的工业生产组织方式和发展模式。

微观层面的3R，是指在企业内部推行清洁生产，鼓励企业开展清洁生产审核，对高耗能企业和"两超两有"（污染物排放超标、超总量，使用有毒、有害原料或排放有毒、有害物质）的重污染企业执行强制性清洁生产审核；中观层面的3R，是指在园区或区域的企业间发展生态工业，形成横向耦合、纵向闭合的生态工业链网，建设生态工业园或工业共生网络；宏观层面的3R，是指以低物质化、脱碳化和用非物质服务取代传统产品等方式，以实施可持续发展。生态城市、生态市（县）、生态省等的建设就是3R原则在宏观层面的应用之一。

（二）生态工业园

生态工业园，是3R原则在中观层面的应用。按照《四川省省级生态工业园区管理办法》的解释，生态工业园区是依据循环经济理念、工业生态学原理及清洁生产要求而设计建立的一种新型工业园区。根本目标是促进资源能

源的高效利用，有效缓解环境污染的压力，推动经济增长方式的根本转变，实现经济、社会、环境的协调和可持续发展。在我国，生态工业示范园包括国家级生态工业示范园、省级生态工业示范园和市级生态工业示范园。

生态工业园区一般分为三大类，第一类是综合类生态工业园区，由不同行业的企业组成；第二类是行业类生态工业园区，以某一类工业行业的一个或几个企业为核心，通过产业链的耦合和续接而形成；第三类是静脉产业类生态园区，即通过静脉产业尽可能地把传统的"资源—产品—废弃物"的线性经济模式，改造为"资源—产品—再生资源"的闭环经济模式，实现生活和工业垃圾变废为宝、循环利用的目标。

二、生态工业理论和园区评价

（一）生态工业理论

生态工业的理论基础是工业生态学，也是生态研究的前沿性课题之一。1995年Graedel和Allenby出版的《产业生态学》（*Industrial ecology*）全面、系统地阐述了工业生态学的理论框架和实用工具，不仅是高等院校环境专业、工程专业以及管理专业的教材，也是产品与过程设计人员和企业管理人员的操作指南，同时还能为政府决策人员提供发展循环经济和实现新型工业化的理论指导。由于出版以来好评如潮，2002年经修订后再版，于2004年由清华大学出版社出版。与生态工业紧密相连的杂志有1993年问世的《清洁生产杂志》（*Journal of Cleaner Production*）和1997年创刊的《工业生态学杂志》（*Journal of Industrial Ecology*），均刊登了大量与生态工业相关的研究论文。这些文献涉及工业生态学的理论与概念，工业生态学的工具、手段和标准，工业生态应用与案例研究以及未来研究方向等。

（二）生态工业园的缘起

生态工业园是生态工业发展的重要载体，代表着工业园区化的发展方向。1993年，美国成立了"总统可持续发展理事会"并在1994年与美国环保署、美国能源署和PCSD共同授权建立了4个生态工业园。随后，一些涉及生物能源、废物处理、环境技术、废物利用、景观、能源效率等的生态工业园陆续被报道。1996年，总统可持续发展理事会对生态工业园进行了界定，即为计划好物质和能量交换，以达到能量和原材料消耗最小化、废物最少化，构建可持续经济、生态和社会关系的工业系统。在美国发起生态工业园建设的同时，瑞典、芬兰、荷兰、丹麦、加拿大等欧美国家及日本、韩国和我国台湾等亚洲地区相继把发展生态工业作为重要的环境策略。目前生态工业园已遍布世界各地。但与美国不同的是，荷兰等欧洲国家的生态工业园是由企业自发组织的。[①]在亚洲，日本是最早引入循环经济社会项目的国家。韩国的第一个生态工业园是距离首尔150公里的大田都市生态工业园。菲律宾的第一个生态工业园为联合国开发计划署的总理项目。

（三）中国生态工业园建设

我国的生态工业园的建设主要是由生态环境部（2008年7月前称为国家环境保护总局，2008年7月—2018年2月称为环境保护部，2018年3月组建生态环境部）和发展改革委员会推动的。全国第一个生态工业园是由国家环境保护总局批准建设的"贵港国家生态工业（制糖）示范园区"（建于2001年）。以后，环境保护部陆续出台《关于加强国家生态工业示范园区建设的指导意见》《国家生态工业示范园区管理办法》《国家生态工业示范园区标

---

① JOUNIKORHONEN，DONALD HUISINGH，et al. Applications of industrial ecology– an overview of the special issue［J］. Journal of Cleaner Production，2004（12）：803 – 807.

准》等规范性文件，以推进国家生态工业示范园区建设。截至2017年1月，全国已有48个园区建成国家生态工业示范园区，还有45个园区在建。①

2005年，国家发展改革委发布了《循环经济试点工作方案》，从重点企业、资源综合利用领域、产业园区和省市4个方面开展循环经济试点，在产业园区试点方面，全国共有33个园区分两批参与，四川有西部化工城、四川成都市青白江工业集中发展区两个园区。2008年《中华人民共和国循环经济促进法》出台后，2010年又发布了《关于推进再制造产业发展的意见》，推进汽车零部件、工程机械、机床等重点领域再制造产业发展。2011年，推动实施国家循环经济教育示范基地项目。2012年，经修订的《中华人民共和国清洁生产促进法》颁布，开始分年度实施国家循环化改造示范试点园区项目，重点支持具备循环化改造基础的、列入中国开发区审核公告目录的园区以及再制造示范基地、国家循环经济试点园区、国家循环经济教育示范基地。2015年，实施新修订的《固体废物污染环境防治法》。

（四）生态工业园评价

国家发展改革委员会和生态环境部各有一套生态工业园评价指标体系，前者为循环经济发展评价指标，后者是国家生态工业示范园区标准。为贯彻落实《中华人民共和国循环经济促进法》和《关于加快推进生态文明建设的意见》的要求，科学评价循环经济发展状况，推动实施循环发展引领计划，发展改革委员会于2017年出台了新的循环经济发展评价指标，涵盖了综合指标、专项指标和参考指标3大类17个指标，适用于国家、省域等两个层面。各产业园区和行业企业须针对园区或行业特点，从能源资源减量、生产过程及末端废弃物利用等角度制定园区或企业的特色指标。

---

① 国家环保部. 关于发布国家生态工业示范园区名单的通知［R/OL］.（2017-02-06）［2017-09-17］. http://www.zhb.gov.cn/gkml/hbb/bwj/201702/t20170206_395446.htm.

为贯彻《中华人民共和国环境保护法》《中华人民共和国清洁生产促进法》和《中华人民共和国循环经济促进法》，规范国家生态工业示范园区的建设和运行，2015年，环境保护部出台了新的《国家生态工业示范园区标准》，包含经济发展、产业共生、资源节约、环境保护和信息公开5大类，人均工业增加值、生态工业链数量、工业固体废物综合利用率、综合能耗弹性系数、重点企业清洁生产审核实施率、污水集中处理设施、生态工业信息平台完善程度等32个指标，能够比较全面地衡量复合生态系统的状态。同时，通过采用必选与自选指标兼顾的评价模式突出对各类不同发展基础园区的差异性指导，促进园区发挥自身优势，体现建设特色和亮点。但是，其未给出各个指标的权重，评价者只能根据各个工业生态系统的具体情况进行处理，多数赋以平均的权重值。

三、典型生态工业园区

企业入园是生态工业园的前提，园区生态化是工业园区发展的高级阶段。自21世纪初提出工业应向集中发展区集中以来，四川省基本实现了工业企业的园区化发展，各市（县、区）均在辖区内建成了一个乃至数个工业集中发展区（工业园）。截至2015年年底，全省各类工业园区数量达到184个，成为全省各类产业园区的最主要类型，更是工业强省强县战略的载体与平台。饮料食品、钒钛钢铁等不仅是全省七大支柱性产业[①]，也是园区化发展起步早、园区生态化成效显著的行业之一。

---

① 七大支柱产业为电子信息产业、装备制造产业、能源电力产业、油气化工产业、钒钛钢铁产业、饮料食品产业、汽车制造产业。

（一）五粮液白酒生态工业园

酿酒工业是传统的食品加工业，也是四川七大支柱产业之一的饮料食品产业，但酿酒过程耗水量高，需要大量蒸汽，酒糟、废水、燃煤废气等生产量大，污染严重，处理成本较高。若能变废为宝，既能减轻环境影响，又能减少资源能源的消耗，就能真正做到经济—环境的双赢。五粮液集团借助国家循环经济发展机遇，将生态保护和公司责任体系相融合，开启了白酒行业循环经济发展的先例，其生态工业园区已成为宜宾三大特色旅游品牌（竹海、石海和酒海）之一，每年接待几十万游客，酒厂的美景美名远播，"花园工厂"名副其实。

五粮液白酒生态工业园位于四川省宜宾市岷江北岸，因以大米、玉米、糯米、高粱、小麦等5种粮食酿酒而得名。2018年，五粮液品牌价值已达1 152.86亿元，连续多年保持白酒制造行业第一。环保方面，1993年被国家环保总局评为"全国环境保护先进企业"；2001年通过ISO14001环境管理体系认证；2010年在第三届世界环保大会上荣登百强榜单（世界低碳环境中国推动力100强），同年，荣获"国家新型工业化产业示范基地"；2011年荣获"2010生态中国合作奖"。2013年11月，由联合国环境规划基金会、中国环境保护协会等机构联合主办的绿色中国活动评选中，五粮液集团荣获"杰出企业社会责任奖"。

从1995年，五粮液集团就开始探索实现循环经济、绿色发展的园区生态化模式。五粮液白酒生态工业园以"节省资源、循环利用、达标减排、生态安全"为发展理念，以循环经济为载体，以园区生态化、低碳化和绿色化为目标，以技术创新为驱动，"无害化、资源化、效益化"处理酿酒生产过程中的"三废"，持续全面实施"粮食购进酿酒→废弃酒糟→烘干→环保锅炉→糟灰→生产白炭黑"以及"（废水+废渣+废液）→过滤→干燥→饲料→

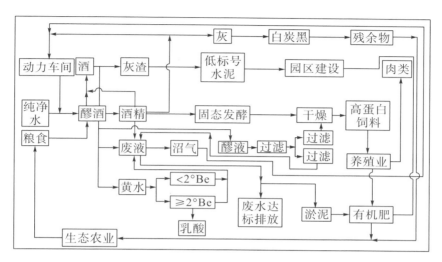

图 9-1　五粮液白酒生态工业园产业链示意图

养殖"的循环经济产业链，实现了园区产业的耦合循环（如图9-1）。2013
年，五粮液启动了煤改气工程，每年减少40万吨用煤，清洁生产水平大幅度
提升。

　　在白酒生产中，丢糟来源于靠近窖皮泥的老糟；废水来源于酿酒醡液、
底锅黄水、生活废水及未用完的冷却水（基本无污染，清污分流后排出）；
废气和废渣主要来源于动力车间的燃煤。酿酒丢糟可用于生产高蛋白饲料，
也可用于生产复糟酒。复糟酒生产后的酒糟中含有淀粉、有机可燃物及无定
型二氧化硅等成分，可燃烧产生蒸汽，燃烧后的灰分（锅炉炉灰）可用于生
产白炭黑。在酿酒废液中，酿酒醡液经固液分离后，滤渣干燥后可用于生产
饲料，而滤液经多效蒸发浓缩，干燥后可作为饲料，是奶牛等动物的优质饲
料。其中，大部分滤液回用为拌料水，小部分滤液送去厌氧发酵产生沼气并
供给锅炉燃烧，实现了产业的内闭循环。

（二）沱牌舍得白酒生态工业园

沱牌舍得白酒生态工业园位于长江支流涪江西岸的射洪县沱牌镇（原柳树镇），占地面积6平方公里。沱牌舍得白酒生态工业园在全国首开"生态酿酒"先河，建有全国首座生态酿酒工业园，以"生态循环、绿色环保"著称于中国白酒行业，先后被评为"全国环保先进单位"和首批"四川省生态工业园"。2001年，沱牌舍得生态酿酒工业园被确认为中国首座生态酿酒工业园，并被确定为国家"星火计划"示范项目在全国推广。2001年其导入ISO14001环境管理体系，确立了"防治污染、保护环境、挖潜增效、节能降耗，创建酿酒生态园、实现产业生态化"的环境管理纲领，对从原料供应到营销服务、从资源利用到废物处置的全流程进行环境因素的识别和评价，建立应急准备和应急响应管理体系，建成了一支100余人的环境管理体系内审员和环保绿化专业队伍。

沱牌舍得生态酿酒工业园将园区绿化作为一项园区建设的重要内容，种植了各种乔灌木100余种165万余株，培育各种草木花卉40余种9万余盆。园区生态以厂区主干道绿化为主线，实施点、线、面、环相结合的绿化组合，发展立体绿化和墙面绿化，使点成景、线成荫、面成林、环成带，形成布局合理、功能齐全的园区绿化体系。在6平方公里的沱牌舍得生态酿酒工业园内，绿化率达98.5%、绿化覆盖率达47.4%以上。以楠木、香樟、银杏、桂花和腊梅等名贵树种为绿色屏障，使办公区、生产区、生活区既相隔离又相连接，避免了区域外有害气体和物质的侵蚀。园内绿化小区模拟自然生态系统，结合美化的要求，上层分布银杏、雪松、楠木、榕树、柳树等高大喜光的乔木，中下层是喜荫的低矮灌木丛和蕨类植物，几十幢生产厂房外墙密密麻麻地铺满了成千上万株的爬山虎、油麻藤等藤本植物，土壤表层覆盖着一层耐荫的草坪。（如图9-2）同时，在生态酿酒工业园建设过程中，将扩建区内3

米深的农田土壤全部挖走，采用原始林区非耕坡地无污染的土壤进行回填，选用优质黄泥筑窖，从源头上除去了土壤中残留的化肥、农药等影响食品安全的有害物质。

沱牌舍得热电联产低耗节能环保工程，为酿酒生产集中供热，解决了以前分散供热效率低下的问题，余热用于发电，煤燃烧后每年产生的30万吨煤

图 9-2　四川沱牌舍得酒业股份有限公司高位水库（上）和标准化厂房（下）

灰用于生产低标号水泥，煤渣用于制砖或铺路，冷却水全部回收循环利用，实现废物零排放，充分体现了热电联产节能、环保、经济、高效的优势。

生态工业园还首创"粮→酒→糟→畜→沼→粮"循环经济模式，丢糟用于开发高蛋白饲料及氨基酸系列产品，形成年产20万吨优质高蛋白饲料、2万吨氨基酸多元液肥和多元复合肥的生产规模。废水处理产生的污泥脱水后，与园区绿化修剪的植物尖梢、酿酒车间的窖皮泥一起，采用高温堆肥技术生产有机肥并用于园区植物施肥，实现了酿酒废弃物的100%回收再利用，延伸了企业的产业链，支持了射洪县及周边地区的畜牧养殖业和绿色粮食、果蔬基地的全面发展，带动地区农业步入生态良性循环和可持续发展，同时增加了地方就业，实现了经济效益和环境效益的双赢，较好地实现了产后生态化。

（三）攀枝花钒钛高新技术产业园区

始建于2001年的攀枝花钒钛高新技术产业园区位于攀枝花市东部金沙江畔仁和区金江镇，是我国唯一以钒钛特色命名的产业园区，2015年升级为国家级高新技术产业开发区。园区面积97.97平方公里，包含钒钛、钒钛机械制造、钒钛配套3大产业，是以青龙山三角梅高新技术产业园为载体的生态园区和以金江镇为依托的攀枝花市东部城市新区，成昆铁路、京昆高速公路、丽攀高速公路均从园区交汇通过，金江火车站和迤资火车站位于园区范围内，园区拥有金江和鱼塘两个高速公路出口。园区建有300万吨铁路专用货场2个（规划1 000万吨铁路专用货场2个）、3.25万吨工业废水处理厂1个、4 000万立方米固废处置中心1个和重金属污染综合整治工程1个。到2017年年底，入驻园区的工业企业122家，其中国家级高新技术企业12家，实现工业总产值267.32亿元。

1. 钒钛产业链完整度在全国位列首位

一是钒产业形成了从钒渣、钒氧化物到钒铁、钒氮合金的全系列冶金用钒制品产业链；二是钛产业形成了"钛矿→钛精矿→钛白粉""钛矿→钛精矿→富钛料→钛白粉""钛矿→钛精矿→富钛料→四氯化钛→海绵钛→钛锭→钛材"3条完整的钛产业链；三是钒钛产业配套产业链，即以磷化工、硫化工、金属硅和硫酸亚铁、钛白废酸、酸性废水综合利用为代表的钒钛配套产业链，成就了金沙纳米技术有限公司、圣地元科技有限责任公司等一批以钒钛废酸、废渣为原料的循环经济企业。目前，园区已发展成为国内产业链最完整的全流程钒钛资源综合开发利用体系。工业生态系统采选钒钛磁铁矿，通过钒钛、钢铁机械制造及其配套有色电冶产业将钒钛磁铁矿加工成产品供人居生态系统使用：氯碱、硫酸等化工产业辅助钒钛产业；钒钛、钢铁机械制造及其配套的有色电冶、化工产业链的废物通过园区静脉产业链资源化，作为原辅材料应用于园区各产业链。（见图9-3）

2. 园区生态环境与外围环境协调统一

园区生态绿地特别重视景观体系的连续性和层次性，采用网状与楔状相结合的生态绿地布局模式，形成"一区、一环、二带、三廊、多斑块"生态大环境框架结构。"一区"是指攀枝花钒钛产业园区，是园区的绿色空间内核，围绕内核建设公园、生产、防护、附属等各类生态绿地。"一环"

图 9-3　攀枝花钒钛高新技术产业园区

指环绕园区视野区为生态防护林地，以园区外围自然山水环境为园区生态支撑，包括农田、山麓和金沙江滨水风景林带，外围生态环将园区外围的各处生态要素有机地组合并引入园区的复合生态系统之中，形成园区生态腹地。

"二带"指园区与金沙江防护隔离带以及城市中心组团与东部组团（城市东部新区）防护隔离带。"三廊"指金沙江生态廊道（蓝廊）和成昆铁路、西攀高速公路生态廊道（绿廊），由这些廊道联系园区外的各生态资源（农田斑块、森林斑块和生态防护林等），充分利用园区之外的生态资源，使其参与园区内部的生态平衡。在成昆铁路两侧建设了宽度不小于30m的防护林带，在西攀高速公路两侧各建设了不小于50m宽的防护绿地建设，以防止噪声和汽车废气污染。区内组团间的两条冲沟建成绿色林带（绿楔）与城市的主要生态通道（金沙江）相通，形成园区内重要的生态通道，具有维护园区生态平衡和改善环境方面的功能作用。"多斑块"则是指园区外附近的农田斑块、自然林地斑块和森林公园斑块，这些都是重要的园区外部生态资源。

"楔带相连、彩带串珠"，将金沙江滨水风景林带、园区组团间绿楔以及用地间防护隔离绿地与高压走廊防护绿地相连，形成有机、有效相连的空间格局；将带状公园、街旁绿地以及利用园区主要景观道路两侧自然地形外扩而建的小型绿地，以园区主要景观道路为纽带串联起来，形成多节点、网络状绿地结构模式。

通过这样的生态大环境框架结构（如图9-4），实现了维护园区生态平衡和改善园区环境的目标，同时利用自然地形（山脊）、防护隔离带和园区外的生态资源（农田斑块、森林斑块、机场环境绿化等）形成很好的生态屏障，减少或消除园区内工业生产对该区域的生态环境的影响。

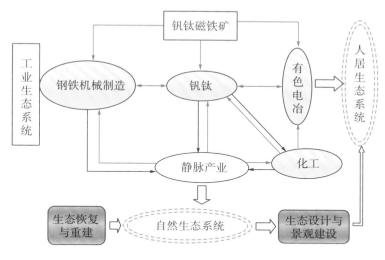

9-4　攀枝花钒钛高新技术产业园区生态产业示意图

四、园区生态发展方向

企业入园、园区生态化，是低碳绿色循环发展的基本要求，也是应对污染形势严峻、资源环境压力趋紧的必然选择。生态工业园区能化解经济发展与环境保护的矛盾，获得经济—环境—社会三赢，为可持续发展提供创新思路。但由于共生关系难以建立、信息不畅、意识差异、经济利益、组织结构、法律法规等因素的限制，发展生态工业困难重重[①]，生态工业园区建设进程缓慢，产业园区生态化改造困难重重。特别是缺乏可靠的信息、先进技术短缺、经济激励机制不够、法律执行力不强、缺乏公众意识、评价标准体系不完善等因素，阻碍了生态工业的发展和循环经济的实施。[②]一个成熟的

---

① D. SAKR，L. BAAS，et al. Critical success and limiting factors for eco-industrial parks: globe trends and Egyptian context［J］. Journal of Cleaner Production，2011（19）：1158-1169.
② BIWEI SU，ALMAS HESHMATI，et al. A review of circular economy in China: moving from rhetoric to implementation［J］. Journal of Cleaner Production，2003（42）：215-227.

生态工业园区就是一个企业集群，生态工业园区中的企业可以享受企业集群带来的很多好处。一个成熟的工业园区，通过建设产业生态链和生态网，使园区内不同企业之间形成共享资源和互换副产品的产业共生组合和循环利用组合，能够最大限度地提高资源利用效率并降低环境影响，最大限度地提高土地利用强度，有效刺激企业进行内部生态化改造。

低碳绿色循环发展是各类园区（包括工业园区）发展的方向。园区是一个由经济（产业）、社会、自然组成的复合生态环境，企业是园区的主体，也是园区创新发展、绿色发展的载体，而园区是企业的平台。园区生态化和生态园区的持续发展，离不开园区企业、园区产业、园区管理以及园区支持系统的综合发力。

第 十 章

生态文明制度建设

四川生态读本

生态成效离不开制度建设的保驾护航，离不开人民群众的广泛参与。为确保长江上游生态屏障建设目标和西部经济大省高地，四川省委省政府十分重视生态文明制度改革和建设，从理念到行动、从规划到项目、从条例到法规，均围绕建设美丽四川、长江上游生态屏障和全面实现小康社会的发展目标而制定。四川是全国率先启动"天保工程"①的省份之一，从1998年9月1日起在三州（甘孜州、阿坝州、凉山州）两市（雅安市、攀枝花市）实施"禁伐"，实施区全面封存伐木工具，炸毁专门用于木材运输的林区公路，关闭木材交易市场，数万森工放下斧头、拿起锄头从事植树造林和封山育林工作。1999年，四川又在全国率先开始试点坡地退耕还林工程，全省累计营造森林1亿多亩。水利部门的监测数据表明，2014年雅砻江末段的泥沙输出量较1999年减少了62%，岷江五通桥水文站的泥沙输出量减少了47%，仅森林涵养的水源量就超过700亿吨，接

---

① 天保工程即天然林资源保护工程。

近两个三峡水库的设计库容①。这些生态效应的取得，既是生态文明制度改革的结果，也是全省各界民众生态意识提升的表现。不仅乡村自然生态、生态环境得到保护和改善，城镇绿地生态、湿地和自然生态空间也正在成为生态建设的重要领域。

一、绿水青山就是金山银山

习近平总书记2013年在哈萨克斯坦纳扎尔巴耶夫大学回答学生问题时指出，绿水青山就是金山银山。四川不断践行"绿水青山就是金山银山"理念，将绿水青山转变为金山银山，将绿水蓝天的生态环境转变为最公平的民生福祉。目前，绿水青山已成为拉动四川区域经济发展的重要载体，例如，2017年中秋假日期间，夹江天府观光茶园特色旅游商品实现收入644.7万元，同比增长了247.68%。②

（一）"绿色银行"理念深入人心

四川属南方集体重点林区，集体林地占林地资源的45.9%，集体林地资源的利用状况关系到林农生产生活和林区生态环境。20世纪80年代中后期，四川在全省范围内实施了林业"三定"（稳定山林权、划定自留山和确定林业生产责任制，简称林业"三定"）政策，提出维护森林资源就是投资"绿色银行"，将森林蓄积量的增加及其所产生的收益视为储蓄；确立了"谁种谁有、谁管护谁收益"的原则，极大地刺激了农户和社会组织的造林行为，

---

① 周相吉，黎大东. 四川基本建成长江上的生态屏障［EB/OL］.（2015-09-28）［2017-09-30］. http://china.huanqiu.com/hot/2015-09/7662150.html.

② 四川省人民政府. 2017年国家中秋假日我省共接待游客7145．79万人次同比增长5%［EB/OL］.（2017-10-09）［2017-12-03］. http://www.sc.gov.cn/10462/10464/10797/2017/10/9/10435264.shtml.

涌现出了一批造林大户，植树造林和森林维护的经济生态效益尽显，被学界称为"绿色银行"理念。

（二）牢固树立"绿水青山就是金山银山"理念

建设生态文明是关系人民福祉、关系民族未来的大计。习近平总书记多次强调，我们既要绿水青山，也要金山银山；宁要绿水青山，不要金山银山，而且绿水青山就是金山银山；把修复长江生态环境摆在压倒性位置，共抓大保护，不搞大开发。万里长江在四川留下了最长的印迹，四川是长江上游重要的生态屏障和水源涵养地，肩负着维护国家生态安全格局的重要使命。四川在20世纪90年代末就明确提出了建设长江上游生态屏障的战略目标，绿水青山、天蓝净土正装点着巴蜀大地，绿色已成为巴山蜀水的基本底色。2016年，四川省委十届八次全会通过了《中共四川省委关于推进绿色发展建设美丽四川的决定》，"绿水青山就是金山银山"的理念在制度层面得到贯彻和落实，将"自然生态系统服务功能明显增强"作为推进绿色发展建设美丽四川的六大目标任务之一，把保护修复生态环境摆在压倒性位置，以大规模绿化全川行动为重点来增强自然生态系统服务功能，让老百姓呼吸上新鲜空气、喝上干净水、吃上放心食品。

（三）积极推动"绿水青山转变为金山银山"

绿水青山不仅装点了巴山蜀水，也造福了巴蜀儿女，老百姓从绿水青山中得到实惠和收益，良好的生态环境转变为最公平的福祉。四川省木材产量在2008年就开始恢复并超过了天然林禁伐开始之年（1998年，产量为128万立方米）达到285万立方米（为"5·12"汶川特大地震农房恢复重建提供了保障），2014年达208万立方米；其他各类非木材林产品如森林药材、油橄榄、竹笋干、核桃等均大幅度增加，汶川的车厘子、茂县的花椒和苹果等已经成为带动当地农村致富的重要收入来源。全省核桃产量从1998年的28 711吨增加到2015年的458 435吨，增长了15.97倍；竹笋干则从1998年的6 100吨增加到2015年的138 195吨，增长了22.65倍；油茶籽也从1998年的6 479吨增加到2015年的20 708吨。2016年，四川生态旅游接待游客2.6亿人次，实现直接收入769.8亿元，其中乡村生态游独占鳌头，实现直接收入537.6亿元，自然保护区旅游紧随其后，直接收入达129.3亿元。2016年，巴中市农民人均林业收入达2 300元。2017年国庆和中秋节假日，全省4A景区门票收入位列前茅的是峨眉山（2 436.33万元）和光雾山（2 003.7万元）。

二、保护生态环境就是保护生产力

保护环境就是保护生产力，改善生态环境就是发展生产力。保护生产力和发展生产力，始于科学谋划国土空间开发，始于科学布局生产空间、生活空间和生态空间，给自然留下更多修复空间。

（一）规划是保护和发展生产力的蓝图、依据和保障

《四川省土地利用总体规划（2006—2020年）》中提出了"优先保护自然生态空间"的要求，提出至2020年，全省森林覆盖率要达到35%以上，自然保护区面积在2005年的基础上增加2个百分点以上，综合防治水土流失面积8.5万平方公里，加大"三废"治理力度，不断提高土地生态环境质量。2006年，四川省委省政府下发了《关于建设生态省的决定》，且在《四川生态省建设规划纲要》中提出建设"发达的生态经济、良好的生态环境、繁荣的生态文化、和谐的生态社会"的目标。2013年编制实施的《四川省主体功能区规划》确立了"若尔盖草原湿地生态功能区、川滇森林及生物多样性生态功能区（四川省部分）、秦巴生物多样性生态功能区

（四川省部分）、大小凉山水土保持和生物多样性生态功能区"等四大重点生态功能区，面积合计318 238平方公里，占全省土地面积的65.5%，是生态屏障的核心区域和控制性区域。此外，还确定了点状分布的禁止开发区，面积11.5万平方公里（2010年），占全省土地面积的23.6%。规划留住了生态空间资源，为保护生态环境和改善生态环境提供了空间载体。

其中，若尔盖草原湿地生态功能区面积28 724平方公里，由阿坝县、若尔盖县、红原县等地组成；秦巴生物多样性生态功能区17 757平方公里，由旺苍县、青川县、通江县、南江县和万源市等地组成；川滇森林及生物多样性生态功能区面积240 060平方公里，由天全县、宝兴县、小金县、康定县、泸定县、丹巴县、雅江县、道孚县、稻城县、得荣县、盐源县、木里县、汶川县、北川县、茂县、理县、平武县、九龙县、炉霍县、甘孜县、新龙县、德格县、白玉县、石渠县、色达县、理塘县、巴塘县、乡城县、马尔康县、壤塘县、金川县、黑水县、松潘县和九寨沟县等地组成；大小凉山水土保持和生物多样性生态功能区面积31 697平方公里，由沐川、石棉、宁南、普格、越西、甘洛、雷波、屏山、峨边、马边、布拖、金阳、昭觉和美姑等地组成。

同时，两次地震灾后恢复重建同样十分重视生态环境保护。《汶川地震灾后恢复重建规划》首次明确提出了生态重建区，生态重建区面积占受灾区域的63.5%。该区域是龙门山地震带断裂核心区域和高山地区，以生态修复为主，计划建成自然文化资源和珍稀植物资源、少量人口分散居住的区域。2013年《芦山地震灾后恢复重建总体规划》中要求，生态保护区面积达到9 135平方公里，占重建区面积的85.33%。在生态保护区，严格控制人为因素对自然生态和自然遗产原真性、完整性的干扰，实施生态修复，提高水源涵养、水土保持、生物多样性等生态功能。2013年，中共四川省委《关于推进芦山地震灾区科学重建跨越发展　加快建设幸福美丽新家园的决定》中指出"要把保护和修复生态环境放在更加重要的位置，大力发展生态经济"。无论是四川省土地利用总体规划还是"5·12"汶川特大地震恢复重建规划以及"4·20"芦山大地震恢复重建规划，对生态保护空间均有严格规定，保护和修复生态环境被置于更加突出的位置，彰显了省委省政府对生态环境保护修复的高度重视。

（二）改善生态环境就是发展生产力

四川本着"保护生态不计其利、面向未来不计其功"和"为子孙后代长远发展负责"的担当精神，以壮士断腕的决心，采取减排、抑尘、压煤、治车、控秸等举措并建立"成都平原、川南、川东北城市群大气污染联防联控"机制，对环境污染事故严惩不贷，相继实施了《四川省环境污染事故行政责任追究办法》（2005年）、《四川省机动车排气污染防治办法》（2013年）、《四川省灰霾污染防治办法》（2015年）、《四川省党政领导干部生态环境损害责任追究实施细则（试行）》（2016年）等，相继出台了《〈水污染防治行动计划〉四川省工作方案》《土壤污染防治行动计划四川省工作方案》《四川省大气污染防治行动计划实施细则2017年度实施计划》。另外"三大污染防治战役"（大气污染防治、水污染防治和土壤污染防治）在全省已全面实施，同时构建了城市空气质量不达标市长约谈机制，四川生态环境保护工作全面实施。2013年至2016年，全省共淘汰化解钢铁过剩产能872万吨，关停小煤矿753处，削减产能7 129万吨，万元GDP耗水量从2012年的136立方米降至2016年的120立方米以下，非化石能源装机占比达80%（高于全国平均水平43个百分点），单位工业增加值能耗5年累计下降39.4%。

三、生态建设与保护制度

四川独特的自然条件和地理区位，决定了四川在全国生态安全战略格局中的重要地位，决定了四川在保护生态环境和建设生态屏障中的责任担当。为保护和改善生态环境，四川不仅编制了生态环境保护相关规划，还出台了系列规章制度，规范和巩固生态环境建设和保护成效。1999年四川省第九届人民代表大会常务委员会第七次会议通过《四川省天然林保护条例》。2010年第十一届人代会第八次会议通过了新修订的《四川省自然保护区管理条例》。2002年贯彻实施国务院《关于进一步完善退耕还林政策措施的若干意见》。2010年四川省十一届人大常委会第十七次会议通过了《四川省湿地保护条例》。2014年1月1日，《四川省固体废物污染环境防治条例》正式生效。2014年，四川省人大常委会审议通过《四川省野生植物保护条例》，科学划定了野生植物（指原生地天然生长的珍贵植物和原生地天然生长并具有重要经济、科研、文化价值的濒危、稀有植物）的范围，为全省野生植物保护安上"护身符"。2015年5月1日，《四川省灰霾污染防治办法》正式实施。同年国庆节实施了《四川省河道采砂管理条例》，对河道彩砂行为进行全面规划。2016年，四川省印发了《四川省生态保护红线实施意见》，构建了"四轴九核"的空间格局，红线内总面积为19.7万平方公里，占全省辖区面积的40.6%。其中，一类管控区3.8万平方公里，约占比7.8%；二类管控区15.9万平方公里，约占比32.8%。在"四轴九核"的13个区域中，2个区域属于水源涵养功能区，3个区域属于生物多样性保护功能区，1个区域属于土壤保持功能区，7个区域属于双重功能区。2017年，四川还出台了《关于加快推进森林城市建设的意见》，将森林视为城市最具生命力的基础设施和城市最为短缺的公共产品，提出至2020年，森林城市建设全面推进，初步形成符合省情、层次丰富、特色鲜明的森林城市发展格局，基本建成成都平原、川南、川东北、攀西四大森林城市群；建成森林城市30个（其中国家级森林城市12个）、森林小镇100个、森林示范村庄300个，城市森林生态服务价值明显增强，城乡生态面貌明显改善，人居环境质量明显提高，居民生态文明意识明显提升。

《四川省生物多样性保护战略与行动计划（2011—2020年）》则明确了生物多样性保护，在全省范围内确立了13个优先保护区域与保护类别。生物多样性保护战略与行动计划中的13个区域，全部在生态保护红线中得到体现。

链接：四川省13个生物多样性优先保护区域及保护类别

岷山区域：主要保护大熊猫、金丝猴、牛羚、四川梅花鹿及雉类等。

邛崃山区域：主要保护大熊猫、金丝猴、牛羚及雉类等。

凉山区域：主要保护大熊猫、四川山鹧鸪、珙桐等。

金阳—布拖区域：主要保护黑鹳、黑颈鹤等。

若尔盖湿地区域：主要保护黑颈鹤、隼形目鸟类及高原泥炭沼泽湿地生态系统。

贡嘎山区域：主要保护大熊猫、金丝猴、牛羚、林麝、康定云杉等，以及从常绿阔叶林到高山灌丛、草甸、流石滩植被的各类生态系统，另外还有冰川、裸岩景观。

石渠—色达区域：主要保护白唇鹿、藏野驴、藏羚羊、雪豹等和高山草甸及湿地生态系统。

稻城—理塘海子山区域：主要保护白唇鹿、林麝、马麝、雪豹、白马鸡、四川雉鹑等。

木里—盐源区域：主要保护马鹿、林麝、鹦鹉类，以及红豆杉属珍稀动植物和针叶林、高山栎林等。

巴塘竹巴笼—白玉察青松多区域：主要保护矮岩羊、白唇鹿、林麝、雉类及松茸、虫草等。

米仓山—大巴山区域：主要保护水青冈属植物及阔叶林生态系统。

攀枝花西区—仁和区域：主要保护攀枝花苏铁及干热河谷植被。

筠连—兴文—古蔺—叙永—合江区域：主要保护特有两栖动物、农田动物群落，以及常绿阔叶林生态系统、竹林生态系统。

此外，2016年四川省出台了大规模绿化全川的行动方案，提出通过实施重点工程造林、长江廊道造林、森林质量提升、草原生态修复、荒漠生态治理、森林城市建设、绿色家园建设、多彩通道建设、生态成果保护等九大行动，确保做足绿色增量、管好存量、提升质量和释放能量，力争未来五年全省国土绿化覆盖率要达到70%，森林覆盖率达到40%；采取因地制宜推进"有山皆绿""重点补绿""身边增绿"，大力实施新一轮退耕还林工程，加强湿地、草原生态和生物多样性保护，强化各类自然保护区建设管理。

四、生态文明制度改革

2013年5月，"实现伟大中国梦、建设美丽繁荣和谐四川"主题教育活动在全省推开，"美丽"是梦想的主色调之一。2014年2月，中共四川省委十届四次全会提出深化六大改革，生态文明体制改革位列其间。生态文明制度改革是四川生态建设的重要成果和制度保障，目前已形成了"1+5"的生态文明改革成果。所谓"1"，就是《四川省生态文明体制改革实施方案》；所谓

"5"，就是5个配套改革措施，即《四川省环境保护督查方案（试行）》《四川省生态环境监测网络建设工作方案》《四川省党政领导干部生态环境损害责任追究实施准则（试行）》《四川省领导干部自然资源资产离任审计试点实施方案》《四川省编制自然资源资产负债表试点方案》。其中，《四川省自然资源资产负债表试点方案》正在编制过程之中。同时，2016年四川省委十届八次全会《关于推进绿色发展建设美丽四川的决定》进一步明确了时间表、路线图，着力把生态文明建设和环境保护融入治蜀兴川各领域全过程，加快建设长江上游生态屏障，加快建设天更蓝、地更绿、水更清、环境更优美的美丽四川，提出"到2020年，资源节约型、环境友好型社会建设取得重大进展，生态环境质量明显改善，绿色、循环、低碳发展方式基本形成"。

《四川省生态文明体制改革方案》强调，立足省情和新的阶段性特征，以建设长江上游生态屏障和美丽四川为目标，以正确处理人与自然关系为核心，以解决生态环境领域突出问题为导向，坚持绿色发展，开展大规模绿化全川行动，实行最严格的环境保护制度，保障生态安全，改善环境质量，提高资源利用效率，推动形成人与自然和谐发展的新格局。改革目标是到2020年，构建起由自然资源资产产权制度、国土空间开放保护制度、空间规划体系、资源总量管理和全面节约制度、资源有偿使用和生态补偿制度、环境治理体系、环境治理和生态保护市场体系、生态文明绩效评价考核和责任追究制度等八项制度构成的产权清晰、多元参与、激励约束并重、系统完整的生态文明制度体系。

方案中特别强调，坚持"绿水青山就是金山银山"，清新空气、清洁水源、美丽山川、肥沃土地、生物多样性是人类生存必需的生态环境，必须保护森林、草原、河流、湖泊、湿地等自然生态。自然生态是有价值的，保护自然就是增值自然价值和自然资本的过程，就是保护和发展生产力，就应该得到合理回报和经济补偿。

《四川省环境保护督查方案（试行）》强调，环境保护督查是推动环境保护和生态文明建设的重要抓手，从2016年开始每3年左右对全省各市州督查一遍，督查内容是：环境保护和生态文明建设决策部署贯彻落实情况、突出环境问题及处理情况、环境保护和生态文明建设责任落实情况。

《四川省生态环境监测网络建设工作方案》提出，至2020年，全省生态环境监测网络基本实现环境质量、污染源、生态状况监测全覆盖，各级各类生态环境监测数据互联共享，监测预报预警、信息化能力和保障水平明显提升，监测与监管有效联动，初步建成环境要素统筹、标准规范统一、责任边界清晰、天地一体、各方协同、信息共享的四川省生态环境监测网络，使生态环境监测能力与生态文明建设要求相适应。

《四川省党政领导干部生态环境损害责任追究实施细则（试行）》针对乡镇街道以上各级党委、政府，县级以上有关工作部门及其有关机构的领导成员，以及法律法规授权的有关机构领导人员，详细规定了生态环境损害责任追究的不同情形。

《四川省领导干部自然资源资产离任审计试点实施方案》强调，根据当地主体功能区定位、自然资源资产禀赋特点和生态环境保护工作重点，结合领导干部岗位职责，合理确定审计内容和重点，有针对性地组织实施。审计涉及的重点领域包括土地资源、水资源、森林资源，草原、湿地资源，自然保护区、风景名胜区、森林公园、湿地公园、地质遗迹保护区资源，矿山生态环境治理和大气污染防治等领域。

此外，四川还在环境污染防治改革、生态补偿制度建设改革等领域进行了创新。《四川省环境污染防治改革方案》提出，要逐步形成完善的源头污染防治制度、过程污染控制制度和责任追究制度，在污染防治关键领域和重要环境改革方面取得一批标志性成果，重点开展大气污染、水污染、土壤污染和辐射环境污染的防治工作。

《四川省探索建立生态补偿机制实施方案》提出，以主体功能区规划为基础，以生态建设、环境综合治理和生态补偿"三位一体"为抓手，通过建立和完善生态补偿长效机制，加快生态文明制度体系建设；强调在森林、草原、湿地和湖泊、水资源、矿产资源开发、重点流域、重点生态功能区等重点领域开展生态补偿试点；基本形成生态补偿资金稳定增长机制；建立跨区域饮用水源地保护生态补偿方案。

五、生态改革新亮点

四川生态文明制度改革有如下几个新亮点。

（一）河长制与河长

2017年1月，四川印发《四川省贯彻落实〈关于全面推行河长制的意见〉实施方案》，建立了四川省河长制工作领导小组领导下的总河长负责制。省级层面的涪江、嘉陵江、渠江、雅砻江、青衣江、长江（金沙江）、安宁河、沱江、岷江、大渡河等推行双河长制，每条河流的两位河长均由副省级领导担任，构建覆盖省、市、县、乡四级的河长体系，实施"一河一策"工作方案，强化水资源保护、水域岸线管理、水污染防治、水环境治理、水生态修复和执法监督等任务。至2020年，四川将明晰跨行政区域河流管理责任，上下游及左右岸建立起联防联控机制，完成省市县主要河流水功能区划定，实现全省地表水达到或者优于Ⅲ类水质的比例达到81.6%。同时，将建立河流治理信息化。依托现有的87个国家河流考核断面、23个省级考核断面，将污染防治任务分解到各河长，建立河长制水质考核技术体系。依托现有技术平台，构建全省地表水、地下水、集中式生活饮用水及水源地水质监测网络评价和预报预警制度。《四川省"十三五"水资源消耗总量和强度双控行动实施方案》明确提出，加快明晰区域和取用水户初始水权，稳步推进确权登记，建立健全水权初始分配制度。

（二）环境资源审判庭、环保法官和环保警察

四川省统筹推进环境资源审判工作，加强环境资源审判专门机构建设。目前，除四川省高院环境资源审判庭外，四川全省18个中级人民法院已经设立环境资源审判庭，2016年共依法审结环境资源刑事案件536件739人。基于环境资源损害审判的公益性、复合性、专业性、恢复性等特点，四川省各级法院实行环境资源案件刑事、民事、行政"三合一"审理模式。全省三级法院有153名法官从事环境资源案件审判工作，对各类环境资源案件实行统一归口审理。成都双流、乐山峨眉山、泸州古蔺、德阳什邡、宜宾珙县、达州万源、阿坝若尔盖、甘孜康定等25个基层法院设立环境资源庭，乐山峨眉山、甘孜海螺沟、巴中光雾山等5A级景区或重点景区，已经依托景区附近人民法庭建立环保旅游法庭。国家级自然保护区、八大流域生态保护区和四大重点生态功能区等重点地区基层法院也将设立环境资源审判庭。2016年，德阳市公安局在县级公安局试点组建环保警察专业队伍，同年7月什邡市公安局成立环保警察中队，让环保执法借助公安机关的力量，解决过去调查取证难、处置处罚难的问题。

（三）生态护林员

设立生态护林员是落实"利用生态补偿和生态保护工程资金使当地有劳动能力的部分贫困人口转为护林员等生态保护人员"政策，在贫困县和重点生态功能区实施的一项生态精准扶贫策略。目前，四川省生态护林员制度已在全省88个贫困县以及国有林场实施，是连片贫困县精准扶贫的重要内容。《四川省生态文明制度改革方案》明确提出，自然生态是有价值

的，保护自然生态就是保护和发展生产力，就应该得到合理的经济回报。有劳动能力的建卡贫困人口，从事森林生态的保护巡山工作，获得合理报酬进而脱贫致富，是"绿水青山转变为金山银山"的一种补充形态。甘孜州为规范生态护林员行为专门制定了《甘孜藏族自治州生态护林员管理办法（暂行）》，既规范了护林员的生态保护行为，也确保了生态护林员的实际收入。除设立森林生态护林员外，四川省还试点引入了湿地生态管护员制度，并针对国有森林面积大、天然林资源多的特点，建立了社区参与国有森林资源管护的制度。

（四）国际合作与碳汇造林

在生物多样性保护的国际合作方面，四川有关部门先后与德国、日本、美国、泰国等国家政府和全球环境基金（GEF）、世界自然基金会（WWF）、保护国际（CI）、湿地国际（WI）、世界雉类协会等国际组织合作，开展了以大熊猫和自然保护区为主要载体的生物多样性保护项目。大熊猫已成为四川生物多样性国家合作的文化符号。中国四川西北部退化土地的造林再造林项目，在联合国气候变化框架公约（UNFCCC）下的清洁发展执行理事会（CDM-EB）成功注册，是全球第一个成功注册的基于气候、社区、生物多样性标准的清洁发展机制造林再造林项目，是四川省第一个成功注册的碳汇项目。项目实施区为理县、茂县、北川、青川和平武5个县的21个乡镇28个村的部分退化土地，涉及36个小班。其中，理县2个乡镇5个村3个地块，北川县4个乡镇5个村7个地块，茂县1个乡镇1个村1个地块，平武县4个乡镇4个村4个地块，青川县10个乡镇13个村21个地块。区内建立多功能人工林2 551.8公顷，预计在20年的计入期内产生53.3万吨二氧化碳当量的临时核证减排量，年均2.6万吨二氧化碳当量。设计树种均为本地物种，没有外来入侵种或转基因物种。①2009年11月26日以每吨不低于5美元的价格，向香港低碳亚洲公司出售约46万吨二氧化碳减排当量，实现碳汇收益超过230万美元。2013年，四川凉山诺华碳汇造林项目获得国际碳汇造林项目认证，成为四川第二个获得国际认证的碳汇造林项目。该项目于2010年12月启动，在凉山的甘洛、越西、昭觉、美姑和雷波5县及嘛咪泽等3个自然保护区范围内27个行政村的部分退化土地上，选用乡土树种营造多功能人工林4 196.8公顷。林地产生的碳汇量由瑞士诺华制药集团出资购买，大渡河造林局为项目实施主体，大自然保护协会和北京山水自然保护中心提供技术支持。据测算，项目营造的这片森林在30年计入期内可产生120.6万吨二氧化碳当量的长期核证减排量，预计将创造约620万元的就业和劳务收入、380万元的木材销售收入以及其他收益。通过参与项目建设，计入期末项目区人均年净收入将比2010年增加13%（30年计入期结束后的林木归当地农民所有，该部分价值尚未计算在内）。

（五）取消重点生态功能区贫困县的 GDP 考核，实施生态屏障重点县建设

2014年6月，四川省出台了《四川省县域经济发展考核办法（试行）》，办法一改以往"一刀切"的考核方法，将所有县（市、区）划分为4大类，相应地在指标考核权重上予以区分。其中，南江、北川等58个重点生态功能区县不再考核地区生产总值及增速、规模以上工业增加值及增速、固定资产投资及增速3个指标。2016年，四川省正式出台了《四川省县域经济发展考核办法》并废止了2014版的试行办法，将全省183个县（市、区）划分为重点开发区和市辖区、农产品主产区、重点生态功能区、扶贫开发区四

① 吴宝珍. 四川省碳汇试验示范项目初步成效浅议［J］. 四川林业科技，2008（2）：50–52.

大类别，将重点生态功能区县和生态脆弱贫困县的地区生产总值及增速、规模以上工业增加值增速和全社会固定资产投资及增速3项指标权重设置为0。重点生态功能区发展旅游经济强县，继续强化生态建设和环境保护，充分依托生态资源优势，优先推动旅游经济发展。2017年，四川省人民政府办公室出台了《关于开展森林草原湿地生态屏障重点县建设的通知》（川办函〔2017〕90号）中要求，生态屏障重点县从若尔盖草原湿地生态功能区、川滇森林及生物多样性生态功能区、秦巴山生物多样性生态功能区、大小凉山水土保持和生物多样性生态功能区中遴选20个县开展重点县建设，建设期限为4年，基本目标是"生态屏障重点县突出生态问题得到有效治理，自然生态系统结构功能明显优化，生态承载能力显著提升，基本构建起与经济社会发展相适应的国土生态安全体系"。

参考文献

［1］林川. 四川林业上半年实现产值1213亿元[EB/OL]. （2016-07-13）
［2017-07-31］. http://www.scly.gov.cn/contentFile/201607/1468370633032.
html.

［2］李霞. 四川省一季度实现林业生态旅游直接收入190亿元［EB/
OL］. （2017-04-06）［2017-07-31］. http://www.scly.gov.cn/contentFi
le/201704/1491440140312.html.

［3］四川省人民政府. 阿坝州第一轮草原生态补奖政策取得良好成效
［EB/OL］. （2016-06-12）［2017-08-20］. http://www.sc.gov.cn/10462/10
464/10465/10595/2016/6/12/10383785.shtml.

［4］中国林业网. 联合国粮农组织2015年全球森林资源评估结果显示全球
森林面积减少但净砍伐速度下降［EB/OL］. （2016-03-23）［2017-08-20］.
http://www.forestry.gov.cn/zlszz/4254/content-855156.html.

［5］中国可持续发展林业战略研究项目组. 中国可持续发展林业战略研究
总论[M]. 北京：中国林业出版社，2002.

［6］阿坝藏族羌族自治州林业局. 阿坝林业产业助力精准脱贫［EB/
OL］. （2016-04-07）［2017-08-20］. http://www.ably.gov.cn/scly/
gongzuodongtai/12374585.jhtml.

［7］四川省人民政府. 我省林业着力推进林下经济发展［EB/OL］. （2016-

12-19）[2017-08-15].http://www.sc.gov.cn/10462/10464/10465/10574/2016/12/19/10407
987.shtml.

[8]汤宗孝，刘洪先.川西北草地野生药用植物资源名录（Ⅰ）[J].
草业与畜牧，2012（1）：29-33.

[9]张洪明，王玲.四川湿地资源及其可持续性初探[J].林业资源管
理，2000（4）：46-50.

[10]袁艺.四川湿地生态服务功能价值评估[J].安徽农业科学，2011
（4）：2177-2179.

[11]地方志编纂委员会.茂汶羌族自治县志.[M].成都：四川辞书
出版社，1997.

[12]林凌.重塑四川经济地理[M].北京：社会科学文献出版社，
2015.

[13]栾建国，陈文祥.河流生态系统的典型特征和服务功能[J].人民
长江，2004（9）：41-43。

[14]马永俊.现代乡村生态系统演化与新农村建设研究[D].长沙：中
南林业科技大学，2007.

[15]华永新.生态村建设与可持续发展[J].农村能源，2000（01）：
28-30.

[16]陈勇.国内外乡村聚落生态研究[J].农村生态环境，2005
（03）：58-61+66.

[17]陈国阶，方一平，陈勇，等.中国山区发展报告[M].北京：商
务印书馆，2007.

[18]沈茂英.中国山区聚落持续发展与管理研究[D].成都：中国科学
院研究生院，2005.

[19]段鹏，刘天厚.林盘——蜀文化之生态家园[M].成都：四川科学
技术出版社，2004.

[20]中国木里政府网站.藏区新村建设[EB/OL].（2015-12-25）[2017-
08-20].http://www.lsz.gov.cn/muli/_2803675/2806170/index.html.

［21］栗那针尔. 峨边彝族自治县实施彝家新寨建设的实践与思考［J］. 中共乐山市委党校学报，2015（3）：63-66.

［22］马锦卫. 彝家新寨建设调查与研究——以大小凉山彝家新寨建设为例[J]. 西南民族大学学报（人文社会科学版），2013（11）：29-33.

［23］董世魁，刘世梁，等. 恢复生态学[M]. 北京：高等教育出版社，2013.

［24］谢高地，甄霖，鲁春霞，等. 一个基于专家知识的生态系统服务价值化方法［J］. 自然资源学报，2008（5）：911-919.

［25］JACOBS, J. The Death and Life of Great American Cities［M］.New York：Randon House Trade Publishing. 1992.

［26］徐毅，彭震伟. 1980—2010年上海城市生态空间演进及动力机制研究[J]. 城市发展研究，2016（11）：1-11.

［27］EDWARD GLAESER. Triumph of The City［M］. Lonclon：Penguin Books，2011.

［28］王祥荣. 生态与环境！城市可持续发展与生态调控新论［M］. 南京：东南大学出版社，2000.

［29］刘世梁，温敏霞，等. 基于网络特征的道路生态干扰：以澜沧江流域为例［J］. 生态学报，2008（4）：1672-1680.

［30］丁宏，金永焕，等. 道路的生态学影响范围研究进展［J］. 浙江林学院学报，2008（6）：810-816.

［31］王晓俊. 基于生态保护的道路规划策略［J］. 生态环境学报，2011（3）：589-594.

［32］殷利华，万敏，等. 道路生态学研究及其对我国道路生态景观建设的思考［J］. 中国园林，2011（9）：56-59.

［33］蒋依依.旅游地道路生态持续性评价——以云南省玉龙县为例［J］.生态学报，2011（21）：6328-6337.

［34］李瑾. 天下蜀道［M］. 成都：天地出版社，2010.

［35］JOUNIKORHONEN, DONALD HUISINGH, et al. Applications of industrial ecology—an overview of the special issue［J］. Journal of Cleaner

Production，2004（12）：803－807.

　　［36］国家环保部．关于发布国家生态工业示范园区名单的通知［R/OL］.（2017－02－06）［2017－09－17］. http://www.zhb.gov.cn/gkml/hbb/bwj/201702/t20170206_395446.htm.

　　［37］D. SAKR，L. BAAS，et al. Critical success and limiting factors for eco-industrial parks: globe trends and Egyptian context［J］. Journal of Cleaner Production 2011（19）：1158－1169.

　　［38］BIWEI SU，ALMAS HESHMATI，et al. A review of circular economy in China: moving from rhetoric to implementation［J］. Journal of Cleaner Production 2003（42）：215－227.

　　［39］周相吉，黎大东．四川基本建成长江上游的生态屏障［EB/OL］.（2015－09－28）［2017－09－30］. http://china.huanqiu.com/hot/2015－09/7662150.html.

　　［40］四川省人民政府．2017年国家中秋假日我省共接待游客7145.79万人次同比增长5%［EB/OL］.（2017－10－09）［2017－12－03］.http://www.sc.gov.cn/10462/10464/10797/2017/10/9/10435264.shtml.

　　［41］吴宝珍．四川省碳汇试验示范项目初步成效浅议［J］. 四川林业科技，2008（2）：50－52.

后 记

在治蜀兴川再上新台阶的战略背景下，中共四川省委宣传部组织撰写了《四川系列读本》，《四川生态读本》为其中一本。它以人与生态为总揽，从森林生态、草地生态、湿地生态、河流生态、乡村生态、城市生态、道路生态、工业园区生态和生态文明制度建设等九个视角，向社会公众介绍和展示四川多样的生态风貌与建设成效。

《四川生态读本》的编写者是四川省社会科学院、成都理工大学、中国科学院成都生物研究所、中国科学院成都山地灾害与环境研究所、山东大学环境学院的一批专家学者。具体分工是：沈茂英研究员负责统稿及第一、二、七、八、十章的撰写工作，参与第四、五两章的讨论、修改和完善工作；成都理工大学环境学院的陈文德博士（副教授）承担第三章的撰写工作；中国科学院成都山地灾害与环境研究所万将军博士承担第六章的撰写工作；中国科学院成都生物研究所的周后珍博士（副研究员）承担第九章的撰写工作；山东大学资源环境学院的徐知之和四川省社会科学院研究生院的杨程两位同学负责第四章和第五章初稿的撰写工作；徐知之和杨程两位同学还承担了全书数据、相关文献资料的整理工作；四川省社会科学院2016级人口学专业的四位同学是本书的第一读者，在人口生态学课课堂上对本书进行了

讨论并提出了许多宝贵的修改意见。在书稿撰写期间，四川省社会科学院原副院长、学术顾问、资深生态经济专家杜受祜研究员对全书的提纲进行了修订完善并给予了非常宝贵的学术指导；中国科学院成都山地灾害与环境研究所资深生态专家陈国阶研究员为全书提供了宝贵的学术支持。在此对两位专家的无私奉献表示感谢！

本书在成文过程中广泛引用和借鉴了国内外相关专家学者的研究成果，在此向他们表示真诚的感谢，并对书中可能存在的疏忽和遗漏致歉。

《四川生态读本》编写组

2017年9月于成都百花潭